智元微库
OPEN MIND

成 长 也 是 一 种 美 好

# 潜台词

## 人如何用行为表达说不出的话

［日］斋藤学 著

［日］木附千晶 编

刘佩瑶 译

## すべての罪悪感
## は無用です

人民邮电出版社

北京

图书在版编目（ＣＩＰ）数据

潜台词：人如何用行为表达说不出的话 /（日）斋藤学著；（日）木附千晶编；刘佩瑶译. -- 北京：人民邮电出版社，2022.6
　ISBN 978-7-115-58643-8

Ⅰ．①潜… Ⅱ．①斋… ②木… ③刘… Ⅲ．①心理压力—心理调节—通俗读物 Ⅳ．①B842.6-49

中国版本图书馆CIP数据核字(2022)第017713号

### 版 权 声 明

　◆　　著　　［日］斋藤学
　　　　　编　　［日］木附千晶
　　　　　译　　刘佩瑶
　　　责任编辑　张渝涓
　　　责任印制　周昇亮

◆ 人民邮电出版社出版发行　　　　北京市丰台区成寿寺路 11 号
　邮编 100164　 电子邮件 315@ptpress.com.cn
　网址 https://www.ptpress.com.cn
　天津千鹤文化传播有限公司印刷

◆ 开本：880×1230　1/32
　印张：7.5　　　　　　　　　　　 2022 年 6 月第 1 版
　字数：150 千字　　　　　　　　 2022 年 6 月天津第 1 次印刷
　　　著作权合同登记号　图字：01-2021-6912 号

定　价：59.80 元
读者服务热线：（010）81055522　印装质量热线：（010）81055316
反盗版热线：（010）81055315
广告经营许可证：京东市监广登字 20170147 号

*preface*

✚

前言

这本书的内容包括了我过去的几部著作，以及我担任心理健康顾问时和来访者沟通时说过的一些话。其中，有不少内容是我许久前写的东西，久到甚至我自己在读这些内容时都会情不自禁地感叹："这真是我写的吗？"但是，将这些内容仔细整理排版好后再通读时，我可以非常肯定地说："这些确确实实是我会说出的话。"

这些连我自己都已记不清楚细节，甚至连主题、发表时间、侧重点都不甚相同的内容，完整地呈现了我作为一名心理咨询师及精神科医生的成长轨迹和初心，因此这本书也算得上是一部包罗甚广之作。

这个初心，正是追溯一些心理问题的根源：许多人之所以会过上贬低、伤害自己的生活，并陷入毫无根据的自我惩罚情绪，就是因为放不下那些无用的罪恶感。

帮助我得出这个结论的，是几十年前我在日本国立疗养所久里浜医院遇到的酒精依赖者。当时的我刚成为一名精神科医生，在面对酒精依赖者时，毕业进修时掌握的古典精神分析技法完全派不上用场。尽管如此，他们还是像信赖名医一般将自己托付给不成熟（26岁）的我，托他们的福，我才有了今天的一点点成绩。事实上，我是在那很久以后才知道"理想化移情"和"自体心理学"等概念的，在那以前我完全是在用自己的方法探索。因此，我的方法不是哪本书里教授的，而是在帮助人们解决各种心理问题的过程中逐渐总结出来的。在从事临床实践的过程中，我发现他们都有一些共同点：容易紧张、不擅长与人交往、难以向人示弱等。无论是为了缓解紧张而喝酒摆架子的酒精依赖者，还是渴望获得"支配组织"的快感而埋头工作的工作狂，从无法以"真我"示人这一点就可以看出，他们都或多或少地存在社交恐惧。而隐藏于社交恐惧之下的是"妄想性"的自我惩罚情绪。这些成瘾者在成长过程中形成了"我的眼神很伤人"或者"我对于他人来说是一个麻烦"之类的错误认知，正是这些错误认知在不断地责备他们、折磨他们。

正是受这些认知的影响，那些进食障碍者才不停地呕吐，因为他们在潜意识里希望通过这样的方式挽留别人："不要抛下这样的我。"还有那些因醉驾出车祸的、为了工作连家人和孩子都不顾的人，他们一边觉得自己毫无用处，一边用那些极端的方式惩罚自己。这些症状的产生不是没有原因的。成瘾者的身边往往都存在着拖累症患者，而拖累症患者需要"自己被人需要"。从表面上看，是拖累症患者采取了各种各样的手段在"拯救"成瘾者。而事实上，这种关系却会使问题越来越严重，使双方一起陷入恶性循环。

我们从人际关系的角度来看待家暴、虐待儿童等现象时可以发现，当事人产生的问题与他们的家人有很大关系。要解决家庭问题，必须先解决自我认知的问题，也就是"自恋"心理受伤的问题。本书对此也有详细论述及分析。"健康自恋"的原始形态就是父母对孩子的宠爱。在父母宠爱下长大的孩子，会认为自己"被爱是理所当然的"，不会过分在意"别人怎么看自己"，而会按照自己的方式并为了自己的幸福而活下去。

但是，在一些竞争激烈的社会中，想保持这种纯粹的状态很难。有些人从出生的那一刻起，就会被拿来和别人比较，他们往往会在市场标准的衡量下被贴上"优"或"劣"的标签。家庭是社会的一部分，也会受到社会价值观念的影响。父母都希望自己的孩子不要成为不合格的"次品"（并尽量成为优质品）。生活在这样的环境里，人会不自觉地在心里装上"摄像头"，并严格监视自己，也不允许自己有片刻放松。在失真的自我评价中，人会陷入不断贬低自己的恶性循环，最终丧失真正的自我。心理医生需要通过给予来访者关怀来肯定来访者，帮助他们学会构建能够认可"真我"的人际关系，提高自我评价，修复受损的自尊。

在整理本书内容的过程中，我再次深刻体会到这就是我作为一名心理咨询师及精神科医生的使命。在这些年忙碌的工作中，我一直想把自己的感受认真地表达出来。这些年发生的一些社会事件也使得各种心理问题开始受到社会的关注。

木附千晶女士筛选了我以前的杂文和演讲录，在扶桑社的高桥香澄编辑的协助下将之整理成了这部文集。托二位的福，让我体验了一把观点被奉为圭臬的奇妙感受。如果这些文字能对那些在孤寂中苦恼的人们稍有帮助，使他们意识到现在的自己就很好，我将万分荣幸。

斋藤学

2019 年 1 月

# 目录

目录

# 第一章

✝

## 苦
### 苦人生之多艰

**No. 01**

执迷于罪恶感的人更容易做出愚蠢的恶行。

# 令人作茧自缚的"内在母亲"

很多罪恶感都是无意义的。如果执迷于不必要的罪恶感，人们反而容易下意识地去迎合这种负罪的人物形象，甚至做出一系列的坏事、蠢事。有时，我们只需要做自己想做的和必须做的事。

那么，这种罪恶感究竟从何而来呢？进入青春期的孩子对父母的情感会产生分化。他们开始回避异性父母，这种回避有时会表现为亲近与自己同龄的异性。正是这样的情感变化激发了青少年对同性父母的罪恶感，而这种罪恶感又会转变为对同性父母的叛逆。同时，罪恶感会促使孩子在内心形成一种"内在母亲"的形象（内化的母亲），对自己进行严厉的批判。

内在母亲并非真实的母亲，而是孩子在内心创造出来的一个母亲形象。她会痛斥同样存在于内心的"内在小孩"，让其感到痛苦，甚至绝望。内在母亲会一刻不停地折磨人的内心、放大人的缺陷，让孩子认为自己是无能、懒惰、丑陋的。那些为此困扰的孩子往往会成长为"工作狂"或"一事无成的完美主义者"，更有甚者，为追求所谓完美的外貌而患上厌食症、暴食症、厌丑症等疾病。

要保护自己免受内在母亲的伤害，就需要建立一个无条件接纳自己的母亲形象（"安全的母亲"）。但是，如果孩子无法顺利建立这一形象，其罪恶感反而会加重。

也许有人会说："既然她是你自己创造出来的形象，想重建岂非轻而易举？"然而事实并非如此。除非能够使内在小孩明了自身欲求，正视现实的父母，否则无法摧毁内在母亲。

正视现实的父母，接纳他们的缺陷，认识并理解人无完人的道理，即使是父母也是如此；只有这样，人们才能摆脱内在母亲的束缚，卸下无用的罪恶感。

**No. 02**

将自己的风格贯彻到底，你就会明白一切都是最好的安排。

# 每个人都拥有自己的人生主旋律

我在刚成为医生时，每天的主要工作是进行与酒精依赖相关的诊疗。后来，我也开始接触有家庭暴力倾向、虐待儿童、患暴食症和厌食症的来访者。也许在旁人看来，我的学术态度似乎不很严谨，已经偏离了工作的正轨，但我可以问心无愧地说自己是不忘初心的。

酒精依赖症和暴食症均由成瘾引发，可以被归为同类病症。不仅如此，我后来涉足的家庭暴力和虐待等心理问题领域，归根结底也都离不开"家庭"二字。1995 年创立"家庭功能研究所"后，我终于能够更好地和大家分享这些研究和突破。

在我的工作历程中，即使我接触的来访者群体发生了变化，我所面对的问题也依然与"家庭"相关，这也许就是我的人生主旋律吧。有了主旋律，即使是不尽相同的曲调，也能完美地融合为一首完整的乐曲。

不仅是我，每个人的人生中都会有一些类似的经历。人的兴趣是会改变的，但只要在做真心想做的事情，我们便不必在意旁人的眼光，只要初心不改，回首时，就会发现一切皆冥冥，处处有回响。

一个人在做什么？为什么这样做？要获得问题的答案也许只能问他自己，又或者连他自己都不明白。就像那些有暴食症的来访者，他们并不能解释"疯狂进食后催吐"这种痛苦行为的意义。但是很久之后，当他可以像讲故事一样回顾这段经历时，会发现那也许是自己人生的一段必经之路，是严丝合缝地镶嵌于人生七巧板中的不可或缺的一片，即使这一片是曾经连他自己都厌恶的暴食症。

你的人生主旋律是什么呢？这段主旋律不是为他人而奏，而是从你心中自然而然流淌出来的。只有你自己才能找到这段重要的主旋律，发现它时，你一定会爱上它，明白一切都是最好的安排，欣然接纳生命赋予我们的所有。即使不是闻名天下、家财万贯，我们也应该热爱自己平凡而可爱的人生。

**No. 03**

我们所做的一切都是为了自保。人不会平白无故做任何一件事，即使是看起来愚不可及的行为也定有其用意。一切都是为了"活下去"而拼命做出的努力。

# "问题"是帮助我们活下去的手段

成瘾的背后其实有着更深层的原因。比如，一位女士因为摄食障碍而瘦骨嶙峋，但她的真实想法其实是"我已经病入膏肓，一个人待着肯定活不下去，所以必须有人来照顾我"；而纵酒行为也是有潜台词的：希望我即使一事无成也能得到别人的关爱；再比如，失眠者的内心深处其实是希望通过不睡觉这种方式来延长什么也不用干的时间。

正是由于很难坦率地表达这些不为人知的真心话，他们才会通过那些别扭、麻烦甚至是伤害自己的方式来让自己"脱困"，帮助自己活下去。因此，如果陷入这样的困境，请不要自责，而要鼓励自己，认可自己为了活下去而付出的努力。

接纳这些症状并不是什么难事。那些酒精依赖者如果不是因为有酒精这个依托也许会有其他不良行为，然而并不是所有具有心理问题的人都能找到这样的依托。如果能认识到这一点，他们的内心就会轻松很多。同样，患有暴食症等摄食障碍的朋友也可以用类似方式来劝说自己，减轻内心的负担。

人们常会被与自己有相同特质的人吸引，拥有同样心理问题的人也一样。而那些没有这类问题，或者没有意识到自身问题的人，就很难遇到可以理解自己的人。那些有着同样情感体验的人可以分享彼此的喜怒哀乐，成为相互治愈的"心灵家人"。所谓"家人"，不仅指血缘上的亲属关系，更是指可以畅所欲言、坦诚地向对方展露自身问题的关系。拥有可以吐露心声的"心灵家人"后，那些为了"活下去"而产生的各种行为问题就会自然而然地消失。

**No. 04**

事实上，那些能够明确表达自己不想上学的原因的孩子已经是同龄人中的佼佼者了。

# 很多被霸凌的孩子都说不出"我不想上学"

作为临床医生，我为很多被霸凌的孩子不能明确表示自己不想上学这件事感到担忧。现在，让我们假设一名初中生在学校遭遇了霸凌，而担任班主任的那位年轻女老师并非不了解这名学生的处境，但因为没有意识到问题的严重性，所以也没有提供相应的帮助。

终于，一名霸凌者的母亲发现了这件事，并告知了被霸凌者的母亲，至此这个孩子的痛苦遭遇才稍稍为旁人所知。但是，对于母亲的询问，这名被霸凌者却不肯透露详细过程。因为孩子大都希望父母认为自己在学校不犯错误、表现优秀，同时他们的自尊心也不允许自己在学校遭到霸凌的事被家长知道，也就更难主动倾诉。就算他们打算将这件事告诉别人，其对象一般也不会是父母。

同时，他们一般也不会向老师告状。因为，老师是当事人，却没有向被霸凌者提供帮助，所以被霸凌的孩子很难向其吐露实情。在学校，大家是会被评价和比较的。霸凌者与同龄人相比往往都有着一些优势，被霸凌者通常处于劣势，而老师应该是确立并维护这种评价体系的权力者。

那些活泼有趣、高情商、好人缘、成绩优异、样样优秀的孩子是非常受欢迎的。而不具有这些特质的孩子，则容易被父母和老师贴上"能力差""磨蹭""迟钝"等标签，甚至被认为在智力上低人一等。受到这样的影响，一些同龄人也会排挤这些孩子。

对于现在的孩子来说，在学校失去容身之处是相当严重的事情。学校几乎是他们日常生活的全部，退学意味着他们将无缘好的高中、好的大学、好的工作单位，意味着从激烈的社会竞争中出局。这对于他们来说无异于放弃自己的前途，因此他们无论如何都要在学校死撑到底。

作为成年人，我们需要更清楚地认识到这些试图从校园霸凌中脱困的孩子需要消耗巨大的精神力量，他们应该得到更多的理解与支持。

**No. 05**

你不一定时时都要做贤妻良母，有时也可以使小性子、发脾气，暂时从妻子或母亲的身份中逃离。能在自己的能力范围内做到最好，已经是非常出色的贤妻良母了。

## 贤妻良母有时也会给孩子带来困扰

有时，越想做贤妻良母越感觉力不从心。许多母亲会发现，自己明明一心向"好母亲"的方向努力，却在不知不觉中变成了"坏母亲"。

一方面，"想拥有更多属于自己的时间""带孩子真麻烦""这孩子怎么这样烦人"等声音不断出现在母亲们的脑海中；另一方面，她们又非常自责，认为自己"不该抱有这种想法"，觉得自己是"不懂得关爱孩子的'坏母亲'"。于是她们在这个矛盾中不断压抑自己的情绪，让自己继续忍耐下去。

这些本是人人都会产生的正常情绪，但母亲们却往往不允许自己出现这些情绪。她们一般会选择忽视这些情绪，继续全心全意地照顾孩子。

但是，这些被压抑的情绪有时可能会以过激的方式表现出来，比如急切地想从子女身上获得自己辛苦付出的回报等。她们开始对孩子抱有过度的期待，用过高的标准要求孩子。这些行为都会给孩子造成困扰。

母亲是一心为家的贤妻良母，父亲是专注工作、认真履行义务的企业人，如果父母都只是机械化地扮演着自己的角色，无法用真实的自我去面对子女，那么孩子也会学着"隐藏"真实的自我，成为机械化的存在。或者，他们会反抗这种机械化，变成具有暴力倾向等不良倾向的"坏孩子"。更有甚者，会开始闭门不出并拒绝和外界接触，变成"啃老族"，甚至对父母产生敌意，认为是他们毁了自己的人生。

女性不用也没有必要逼迫自己成为十全十美的母亲。世界上没有十全十美的人，自然也不会有十全十美的母亲，人无完人，谁都会有犯错误的时候。如果强迫自己成为完美的母亲，心中"好母亲"和"坏母亲"的形象便会分裂，甚至让自己在不知不觉中成就"坏母亲"的角色。

能够在这两种状态中取得平衡已经是一件很厉害的事了，有时让自己当一小会儿任性的"坏母亲"也不必自责，要允许自己心中同时存在"好母亲"和"坏母亲"。对于孩子来说，比起纯粹的贤妻良母，真实的、有人情味的妈妈更能够让其全身心地依赖。

**No. 06**

有意识地向他人传达的是"要求"，情之所至吐露而出的是"恳求"，不经意（无自觉）间表现的是"症状"。

# 将"症状"转变为"要求"

厌学、成瘾等青春期常见问题行为（出格行为）产生的原因，一方面是青少年在表达自己的"要求"，"恳求"他人的帮助，另一方面则是青少年无意间表现的"症状"。在青少年易发的精神障碍中，以上情况有时会同时出现，甚至难以区分。所谓的症状和问题行为，其实都是在传递一定的信息。这些隐含在症状中的信息，往往都是一些被当事人下意识压抑甚至仅存在于他们潜意识中的想法，通常很难用语言表达出来。因此，症状其实就是他们与外界沟通的一种方式。

事实上，青少年在走到成瘾这一步之前，需要跨越的障碍并非一星半点。他们得想方设法地获得成瘾物质，还得克服这些物质可能给身体带来伤害的恐惧，此外还要做好因此成为校园和社会边缘人的心理准备。也就是说，除非他们的决心已经非常坚定，否则他们通常是走不到这一步的。而能够下定这种决心，就说明如果不使用这种极端方式，他们就无法和外界进行正常的沟通和交流了。

让我们来设想一下，一名游戏成瘾的初中生将获得怎样的沟通和交流。他会和"同伙"沟通。这样的沟通对于那些能够适应校园的孩子们来说也许不值一提，但是对于被朋友和老师"抛弃"、边缘化的孩子们来说是非常宝贵的。成瘾带来的交流确实没什么"营养"。但是，他们在这一过程中通过和别人交流扩大了对自我的认知，这种互相肯定本身就是非常具有吸引力的，他们就像那些每天晚上都聚在居酒屋 <sup>①</sup> 的上班族一样。

现在，我们再看成瘾这种问题行为，便可以理解这其实也是在向父母和老师传递信息，其潜台词是"我在做坏事哦，你们会怎么处理这件事呢"。甚至有些孩子会用对身体造成伤害这种极端方式来向周围求救。

---

① 日本传统的小酒馆，是提供酒类和饭菜的料理店。——编者注

孩子们做出出格行为的本意是求救，而最直白的"救救我"
却往往被"给我钱""别管我"等叛逆的面具所掩盖。不过，
如果他们一开始便能坦率地向周围求助，也不至于误入歧
途。心理咨询的作用便是帮助他们说出那些隐藏于"症状"
背后，连他们自己都未察觉的"要求"。

**No. 07**

有些人从一开始就认定自己"无法被他人接受"，因此陷入失望、绝望，但又不满于这种毫无生气的状态，所以又反过来责备自己，最终陷入无意义的恶性循环。

# 拒绝无用的自我对话

人们传递出的信息中往往隐含着某种"控制"别人的意图。如果我们过分在意这种意图，原本以"症状"的形式表现出来的信息就会变成一种"要求"。

可以被称为"症状"的信息都是发出者在某种强制性状态下被迫发出的，其传递的内容也并非其本意。事实上，这种"强制性状态"往往都是病理性的，而"被迫发出"的这种行为便是"症状"。

比如，以下这种想法就是上述症状的雏形："我这么努力就是不想让妈妈担心，却因为生病这种事给她添麻烦……真是恨死这个病了。"在这种情况下，他们会下意识地否认自己在主动向外界传递信息这件事。这种似是而非的信息就被称作矛盾信息。

产生这种想法其实是因为他们被自己设定的框架束缚了，比如他们深信自己是幼稚、娇气、懒散的或是任性傲慢的，即使事实或许并非如此。因此，旁人或许无法理解他们为何要用这么麻烦的方式来和别人交流。

"看吧，你就是不行""你做不到的"，想必大家在小时候多多少少都听过这样的话，其中有些是父母的劝阻，但最终这些都会成为内心深处的自我否定。不过，不论是什么，这些不知何时扎根于脑海中的想法都会不断诱导我们进行自我对话，深刻地影响我们的行为和情绪，甚至让我们感到绝望、丧失自信，陷入恶性循环。

如何才能拒绝无用的自我对话、逃离恶性循环呢？答案很简单：像好朋友那样和自己相处。当好友感到失落时，你一定不会对他说"你不行"，而会鼓励他说"你可以的，会做得很好"。今后，也请用这种方式善待你自己。

**No. 08**

是人就会犯错和失败。不过，只要知错能改，失败了还能站起来，那就没什么可怕的。我们不必面面俱到，只需在自己的能力范围内做到最好。真正的"自我肯定"就是接纳自己的不完美。

# 提升自我肯定感，获得和谐的人际关系

"自我肯定"不是指认为与自己有关的一切都是对的，或是明明没有实力却给予自己过高的评价，觉得自己很了不起。真正的"自我肯定"是即使没有超群的智力、倾世的容貌、惊人的才能，也能从心底接纳不完美的自己，发现自身的可爱之处，相信"做自己就好"。这种完全接纳、尊重自己，并肯定自我价值和存在的感觉，被称作自我肯定感。

大家常常将自我肯定感和自我效能感及全能感（万能感）相混淆，其实这是三个完全不同的概念。

自我效能感是指对自己是否有能力完成某一行为进行的推测与预判。而全能感则是指毫无根据地认为自己什么都能做成，这种现象在儿童的成长过程中很常见。比如，刚出生还什么都不会做的婴儿通过"哭"这一行为让大人照顾自己，他们在这一过程中往往会产生掌控世界的感觉。

与之相对，自我肯定感是指一种对自我的认可，这种认可无须通过衡量自己拥有什么、能做什么或者是否比他人优秀获得。自我肯定感强的人可以非常坦然地接受自己的错误和不足，在发觉自己的做法不切实际时，也能够很快进行调整。同时，他们不会因为失败而想不开，而会积极地从中吸取教训，为下一次挑战做准备。即使是面对自身缺点，也不会因畏难情绪而逃避。

建立这种自我肯定感的基础是他人能够感知我们的需求和痛苦，并填补我们的内心空缺。通过和共情能力强的人接触，我们也会逐渐成长为能够与他人分享喜怒哀乐的人，学会收敛自私，为他人着想。建立这样的亲密关系是一种能力，拥有这种能力的人会自然而然地吸引安全的人，远离危险的人。因此，自我肯定感强的人也更容易获得和谐的人际关系。

# 第二章

---

✝

## 爱
## 渴望被爱而不得

**No. 09**

我们在成长过程中，有时会从父母那里接受一些"错误的信念"，许多人被这些错误信念所束缚，活得很累。比如，他们会认为"是我造成了父母的不幸"，更有甚者，觉得"自己不该出生在这个世界上"。

## "不能成为好孩子就会被抛弃"的理念

"只要回到那里就可以放松做自己。"

"伤心疲惫时，可以在那里得到治愈与休息。"

这些都是一个正常家庭应该发挥的作用，而有些家庭却不具备这样的功能，反而变成令人高度紧张的存在。这种情况通常被称为家庭功能不全。在功能不全的家庭中成长起来的孩子往往都有一个特征：内心怀有错误的理念。比如，一个孩子因父亲纵酒而无法在稳定的家庭环境中成长，就会很容易产生"爸爸会这样喝酒都是我的错""正是因为我没能成为父亲期待中那种优秀的人，才使他陷入不幸"等罪恶感。

他们有一套自己适应生活的方式和技巧。尽管他们自己还是个孩子，却已经在为一家人是否能安稳度日而担忧，认为"只有我能帮父母的忙，他们才会爱我"。如果他们认定自己没有帮上父母的忙，便会诅咒没有达到理想目标的自己，觉得自己"不应该出生在这个世界上"。

这些孩子会理所当然地认为是自己造就了"因父亲纵酒而陷入不幸的母亲"，并一直试图通过承担母亲的职责来缓解这种罪恶感。比如，代替父母照顾年幼的弟弟妹妹，照顾醉酒的父亲和不幸的母亲，为全家每天吃什么而烦恼，因为他们心中一直有一种"如果做不了一个'好孩子'，就会被父母抛弃"的错误理念。

在这种理念的影响下成长起来的孩子会逐渐失去坦率表达内心情感的能力。久而久之，连他们自己都无法感知这些被压抑的情感了，随之一起消失的还有对美好生活的渴望。但是一直埋头于繁忙家庭事务的他们甚至根本注意不到这种改变。

但是，这部分孩子在进入青春期或者离开家后，往往会突然陷入人际关系的困境。他们不知自己为何而活，每天都感到空虚和无聊，并为莫名的紧张感而疲惫。此时，他们非常容易依赖酒精，或者沉迷游戏和社交网络。

对这些孩子来说，最具吸引力的莫过于"没有他们就活不下去的弱者"。因为在他们的认知中，"我本不该出生于世上"，没有什么能够比被人需要更加幸福的了。

**No. 10**

男性容易像依赖母亲那样去依赖其伴侣。世人也常常将这种"照料丈夫"的刻板印象强加于女性。女性自身如果也接受了这种设定，往往会失去自我。

# 重蹈覆辙的女儿们

人们是如何选择伴侣和结婚对象的呢？其实这一选择过程有时是不受我们的意识控制的。换言之，我们在选择结婚对象时，并不像想象中那样完全地遵从自己的意愿。

二人即使在聚会中分别躲在不同的角落也能互相吸引，这就是传说中的"一见钟情"。但是，这种乍看之下十分幸福的关系其实存在着隐患。

需要被异性（主动）照顾的男性一旦遇到需要被男性需要的女性，二人就会迅速感知到对方的需求，肾上腺素飙升，产生恋爱的错觉。在这种情况下，其实两人都将"照顾"错当成了"爱"。女方实际上承担起了男方母亲的角色，并沉醉于这种重要的角色中，迷失自我。而男方则会逐渐丧失作为一个成熟男性去爱别人的能力，变得越来越幼稚。

通常，当事人无法察觉这一恋爱关系是由双方的心理缺陷造成的，而误认为对方是自己遵循真实意愿自由选择的恋人。

我曾调查部分男性酒精依赖者是如何和现在的妻子结婚的。他们大多是通过相亲结识的，一般是亲友推荐、朋友介绍，当然也包括一见钟情。但令人惊讶的是，在这些酒精依赖者的妻子中，竟然每四人中就有一人的父亲也是酒精依赖者。明明从小到大吃尽了纵酒父亲带来的苦，但这部分女性却在选择伴侣时仍然走了母亲的老路。

当然，她们也绝不是一开始就故意选择纵酒的男人的，她们选择的往往都是年轻时男性朋友中最不中用、最依赖她们、好像没了她们就活不下去的那个。这些男性在和她们结婚并一起生活二十多年后，最终变成了酒精依赖者。或者，某些女性在分手后因为寂寞接受了爱慕者的追求，一起生活后，男方逐渐产生了酒精依赖。这些女性的母亲大多也用同样的方式选择了伴侣，她们的父亲通常也是酒精依赖者。

因此，也许这一切的原因不能简单地被归结于酒精依赖。这些女儿大多和母亲一样选择了依赖自己的男性作为自己的伴侣，并和母亲一样从中体会到了幸福，也承受了不幸。最终，她们在这种重蹈覆辙的过程中迷失了寻找幸福生活的初衷。

**No. 11**

尽管在旁人看来，那些酒精依赖者的妻子既要照顾像小孩一样没有自理能力的丈夫，又要为生活疲惫地奔波，过得非常凄惨，但这些妻子自己似乎并不这样认为。她们当中几乎没有人考虑过离婚。

# 名为"需要被需要"的病

我从事戒断酒精依赖的工作已经很长时间了。期间，我逐渐关注这些酒精依赖者的家庭状况。比如，他们通常成长于怎样的家庭，与父母的关系如何？成年后的他们如何选择伴侣，怎样和伴侣一起生活、抚养孩子？那些酒精依赖症患者的孩子们又是怎样成长、选择伴侣、组成下一代家庭的？

我首先注意到的是那些酒精依赖者的妻子。在临床工作中，通常都是酒精依赖者的妻子先联系我，表示希望帮助丈夫戒酒。在与没有社会能力却死要面子的自私男人们一起生活的二三十年中，她们一边侍奉丈夫，一边努力兼顾家务、抚养孩子，有时还要遭受这些男人的暴力，部分妻子甚至还完全承担了外出赚钱养家的责任。

妻子们为纵酒的丈夫担忧，拼命地想要帮他们戒掉酒精。比如，严格控制丈夫的零用钱，留心出现在家里的酒瓶，一旦发现酒瓶立刻将里面的液体倒掉；丈夫连续几天没喝酒，就欣喜若狂；一旦丈夫复饮，妻子就又变得心情低落、沉默寡言。但是，当有人建议她们离婚时，她们往往又会以孩子等为借口拒绝。

我花了许多时间让这些女性认识到，她们自己的生活也很有意义，但她们却完全没有想过拯救一下自己。

许多女性一直忍耐被丈夫拳打脚踢的生活，直到被刀砍伤或危及生命了才拼命逃走。我曾经非常努力地帮助、保护这些逃离的妻子们，但她们往往最终会以"担心孩子"为理由再次回到施暴的丈夫身边。多次经历这样的事后，我终于意识到，她们也许都患上了同一种"病"，一种名为"需要被需要"的病。

患上这种病的女性，会通过关心、照料丈夫和孩子来控制他们，从而确立自己在家庭中的支配地位。长此以往，丈夫们甚至连自己的内裤放在哪里都不知道。从表面上看是丈夫离不开妻子，但实则是妻子们通过这种方式来满足自己内心"被人需要"的需求。

**No. 12**

我们无法寄希望于他人的改变，因为人只在自己认为有必要时才会改变。如果你认为自己现在需要改变，那就不要犹豫。若你的丈夫真心在意你，他会随着你一起改变。

# 人在有必要时才会改变

一位丈夫在妻子怀孕时出轨，之后这对夫妻开始了无性婚姻。

我曾为这位妻子做心理咨询。丈夫出轨后，她就不断怀疑她的丈夫，不停地监视丈夫的言行，甚至委托信用调查所来调查丈夫。这位丈夫的行为又确实相当过分，比如在随身的笔记本上记录自己约会的"战果"，和自己的手机寸步不离，为了回避妻子而躲在院子里打电话……这些举动频频触动妻子敏感的神经。

这位妻子常年为丈夫的出轨问题而担忧，每解决一次丈夫的出轨，便自我安慰："这次他总该洗心革面了吧""都这

么大岁数了，应该不会再出轨了吧"，然后继续放任自己的
情绪随着丈夫的行为大起大落。由于每天都处在这种无法
自制的不安之中，她开始频繁地质问丈夫"是不是又出轨
了"，此时丈夫往往会反过来冲她发脾气、胡闹、离家出
走……这一过程会反复上演。

也许很多处在同样状况中的妻子会认为，自己正是因为爱
他才不想失去他，所以不由自主地怀疑他是否出轨。但是
爱是建立在互相信任的基础上的，如果你没有选择和他离
婚，那你就应该选择信任他。

人只在自己认为有必要时才会改变。如果本人没有这样的
意愿，外力在一般情况下无法使其改变。同样，没有人能
改变一个铁了心要出轨的人，除了他自己。我们能做的只
有让自己不去怀疑。改变别人很难，但是只要你想改变自
己，就随时都能改变，至少比改变别人简单得多。

而且，其实你自己也并没有从怀疑他这件事中获得任何一
点好处。如果这种怀疑的状态一直持续下去，让你心累的
与其说是"怀疑"本身，不如说是"不得不去怀疑自己爱
的人"这件事。过度地消耗精力会使人变得如同惊弓之鸟

一般。所以与其今后一直继续这样的人生，不如下定决心相信他。


如果你做到了自我改变，相信对方也不会完全无动于衷。毕竟，大家都不愿意让身边最重要的人失望。所以，如果对丈夫来说，妻子就是那个让他不得不改变的"必要因素"，那么他一定会跟上你的脚步，和你一起改变。

**No. 13**

人们往往会反复陷入同一种人际关系中，有时甚至是我们都不愿接受的糟糕关系。这种看似不可思议的重复其实有其必然性。

# 那是以人生为赌注的"一局定胜负"

通常，人们会反复陷入与童年家庭生活中的关系类似的人际关系。那些内心渴望家庭（父母）能给自己带来安全感的孩子们，从小无论面临怎样的人际关系，都只能怀着"总比被扔掉好"的想法忍耐着。当这种残酷的人际关系成为日常，这些孩子们便会认为这一切都是理所当然的。比如，在父母的殴打下长大的孩子会认为"自己不值得被珍惜"，在不知不觉中开始轻视、贬低自己。

他们长大后，在选择交往对象时，往往也会跟和父母一样苛刻地对待他们的人在一起。

很讽刺的是，这部分孩子似乎将这种危险关系当成了唯一令他们安心的避风港，因为在这种关系中他们"可以预知会发生什么以及如何应对"。

同时，在这样严苛的家庭环境中成长起来的人一般都期待着"如果我也拥有能够给予我温柔安慰的家人该多好啊"。怀有这样的虚幻憧憬的人，在那些被家庭生活所伤害的"幸存者"中并不是少数。这样的憧憬也会促使他们去重复具有"原生家庭特征"的人际关系。对于那些伤害、殴打自己，把自己当傻瓜一样瞧不起，甚至利用自己的对象，他们会下意识地希望自己的教育、奉献和爱能够使对方成长为珍惜自己、给予自己安全感的人。正因如此，即使经历多次幻灭，他们也依然会重蹈覆辙。

或许在旁人看来，这种生活方式既愚蠢又可笑。但对于当事人来说，这是赌上人生的严肃战斗，赢得这场战斗，就能得到自己一直最想得到却从未拥有过的东西，并与自己过去糟糕的人生和解。

正因如此，他们才无法在决定这场胜负的擂台上轻易认输下场。

**No. 14**

在健康的亲子关系中，对于达到适婚年龄的女儿来说，只有在情绪上"离开"母亲，才能获得一种良性的成长；而身体状况良好的父亲，能够帮助这一阶段的女儿在心理上"抛弃"父亲、"嫌弃"父亲，"厌烦"并"远离"父亲，这是他们的职责。

# "费事"的父亲会阻碍女儿的自立

母亲和女儿非常容易形成同类之间的亲密关系。同样，母女关系也很容易转变为危险关系。因此，女儿在成长的过程中，需要想办法逐渐从母女的亲密关系中脱离，拥有属于自己的世界。

在这一过程中，女儿的性意识会逐渐觉醒。

之后不久女儿会开始试图离开家庭，去寻找理想中与自己相爱的白马王子。

但是，如果家庭内部本身就有"王子"一般的存在，这种性意识的觉醒往往会受到阻碍。此时，"王子"既可能是女儿所依赖的全身心关爱她的母亲，也可能是父亲。

能够替代"王子"的父亲，通常都有"令女儿心疼、放心不下"的特征。比如，时常生病就医的父亲，有理想抱负但欠缺社会能力的父亲，被母亲伤害欺负的父亲等形象。女儿往往会不停挂念这样的父亲，而耽误到外面去寻找"王子"的机会。这种对父亲的留恋会成为她们发展异性关系的障碍。

我们常常会听到某家的女儿大了而突然开始嫌弃父亲的故事。父亲们通常会因此深受打击，但事实上这是一种性意识觉醒的表现，是非常健康合理的。

对于女儿来说，开始厌烦、远离父亲，并在情绪上"离开"母亲是非常有必要的。因为这将成为她们走出原生家庭、探寻自己的世界和心爱之人的原动力。

**No. 15**

那些真正懂得自己的好，不因虚荣而自负的人往往更懂得如何去爱别人。

# 何谓健康的自恋

健康的自恋对建立充实的人际关系是十分必要的。正是因为懂得爱自己，懂得管理自己的生活，人才能做到脚踏实地地努力。

试着关注一下你周围的人。那些健康的自恋者周身都散发着自信的气场。他们在对待他人时，会更加宽容、自然、亲切。这样的人不只懂得肯定自己，也懂得肯定他人。同时，他们也诚实地忠于自己的欲望。

决定能否成功建立这种健康的自恋的关键在于父母为孩子提供的生活环境，尤其是婴幼儿时期的母子关系。如果孩子能在婴幼儿时期得到母亲无微不至的照顾，就能够无条件地建立"我值得被爱""我是被珍视的"的信心。这种无微不至通常会表现为母亲对孩子怀有期待，认为自己的孩子是最可爱的，能够及时理解他（她）哭泣的意图并给予回应。

父母应该向孩子传达这样一种信息："你值得被爱，并且这是理所当然的。如果有人不这么认为，那是他的错"，并让他们深信自己是幸福、幸运的。这样一来，孩子们会认为自己是被期待来到这个世界上的，并相信别人会爱上真实的自己。这种健康的自恋十分有益并会伴随他们之后的人生。

这些在父母的关爱下长大的孩子通常会更加积极大胆，而积极大胆的孩子往往比胆怯的孩子更容易得到他人的青睐，也会获得更多与人接触的机会，并在此过程中更确定自己是被爱着的。为孩子确立这种良性信心是父母最重要甚至是全部的职责。

能做到这件事的父母，其内心一定也是健康坚强的。他们往往非常宽容稳重，不会因为一点小事就崩溃，而这种温暖坚定的性格也会影响他们的孩子。想要培养出自爱且懂得关爱他人的孩子，父母必须具备这种性格。

**No. 16**

"这样的我就很好"，能这样想的人一般都能用平和的态度去爱自己。他们不会一味地希望别人来拯救自己，也不会强求别人爱自己。这样的人往往最终都能得到别人的爱。

# 从爱自己开始

与其抱怨"没有人爱自己"，不如自己爱自己。你爱自己，别人才会爱你。因为懂得关爱体贴自己的人，往往也能够敏锐地感知他人的痛苦，具备爱别人的能力。

爱别人不等于牺牲自己，也不等于废寝忘食地照顾别人，更不等于想要独占对方，将其绑在自己身边。爱别人，不只是在其需要时伸出援助之手，也要能够区分对方是否需要。只有这样，人际关系才能进入一种良性互动，即通过保持良好的人际关系来提高自我肯定感，持续地得到他人的喜爱与肯定。

反之，则会陷入"既不懂得爱自己，也无法使别人爱自己"

的恶性循环。想要将这种恶性循环转变为良性循环，就得先学会爱自己。虽然大部分人陷入这种循环是因为父母，但一直怪罪父母也并不能解决问题。不论问题的根源是什么，我们首先要做的就是改变自己。

真正的爱自己，不是指不切实际地脱离自我、去喜爱理想化的自己，也不是指沉醉于过去优秀的自己，或是盲目地期待未来可能获得成功的自己，而是接纳当下真实的自己。

试想一下，一个因为疾病无法学习和工作的人却硬要认为脆弱的自己是"无所不能的伟人"，这不是很奇怪吗？在工作中犯错的人强行推脱责任，认为不是自己的错，这难道也是真正的爱自己？

"虽然我现在生病了，但这也是我人生必经的一部分，我不能放弃爱自己。"

"虽然犯了错，但我会负起责任努力挽回。这样的自己值得肯定。"

只有这样想，才是健康的自我肯定，是真正的爱自己。最重要的是要认识到，自己不过是芸芸众生中的普通一员，并非无所不能。这样就足够了。

**No. 17**

在不被比较的环境中成长起来的孩子往往拥有较高的自我评价。保有完整自尊的人实际上就是"较少被比较"的人。

# 只和自己比较

较少和他人比较的人在面对他人时，会认为"他是他，我是我"，不论别人做什么，我都只管做好自己的事就好。相反，一直和他人比较的人，即使对自己很有自信，也会过得很累。

我在临床工作中发现，随着心理问题的减轻，来访者与别人的比较也会减少。

希望大家都只在心里和自己比较。将自己的目标定为 10 分，然后比比看当下的自己能得多少分。这将成为一种正向激励机制。

我曾经在人们心理状态比较糟糕时，用相反的方式来问他们问题，比如，如果最糟糕的情况是 10 分，你现在的状态能得多少分？

基本没有人会在听到这个问题后回答 10 分，大家一般都会回答"4 分左右"，等等。于是我会对他们说："你这不是好转了吗？为什么要哭丧着脸呢？"

在追求 KPI、崇尚名牌、处处比较的环境里，如果有人能够做到有时将他人的评价当耳旁风，实在是件了不起的事情。比如，尽管清楚自己的工资难以达到平均水平，但能够理智地想"工资不能代表我的真正价值"；尽管知道有了孩子就再难以体验悠闲自由的生活，但只要清楚一开始是因为自己想要为人父母而生了孩子，便不会再去羡慕没有孩子的人，而会为"能和孩子一起度过这么多的美好时光"而高兴。

如果大家都能这样想，那么这世界上就会有很多快乐平和的人，社会氛围也会其乐融融。大家因为某件事而挤破头的概率也将大大降低，都各自做着喜欢的事情，对一些必需品，也会自然而然地协调分配。这大概就是理想的社会环境吧。

为了世界上有更多这样快乐平和的人，让孩子们从小受到平等的对待是非常重要的。比如，如果你有两个女儿，不要因为哄大女儿而忘记给小女儿喂奶，而要让大女儿和你一起参与小女儿的成长，分享其中的喜悦。在母亲这样的教育下，孩子们便不会在"被比较"中长大。同时，母亲要做到这点，需要父亲给予母亲足够的安全感，让她认为自己是被爱着的。在这样的家庭环境中成长起来的孩子，不会惧怕和别人比较，能够成长为具有较高自我评价、平等地去爱别人的人。

**No. 18**

"爱一个人"和"恨一个人"在某些方面是相同的，比如头脑中始终被那个人占据一席之地，不同的只是这两种情感一正一负。

## 承认你讨厌的人也是对你很重要的人

人之所以会怨恨别人"不能满足自己的欲求"或者"无法理解自己的心情"，是因为他需要这个人。正因如此，这些想法才会停留在脑海中挥之不去。我们往往只会在爱一个人时才会不停地考虑他的事情，而对不在意的人，我们是不会特别关注的。

在我的来访者中，有很多人从小就迫切渴望得到父母的爱，却始终求而不得或是一直被父母拒绝。他们通常会因此心怀愤懑。

在这样的亲子关系中成长起来的人，一旦开始照顾年老的父母，事情就会变得很麻烦。此时的父母好像忘记了往事，变得如同脆弱的孩子一般向子女撒娇。父母们开始变得"这也不会做""那也不会做",有时"想要这个",有时"想要那个",开始向子女寻求这些子女曾在儿时向他们索求而不得的照顾和关爱。

在面对这样的父母时,一方面子女会感觉"我还是被父母需要的",另一方面又会对父母"从没有给予自己这些照顾"感到愤怒。

因此,在照顾父母时,他们时而能温柔以待,时而又会情不自禁地训斥父母,为儿时的自己"报仇",但这样做后他们往往会陷入自我厌恶的情绪中,最终形成一种恶性的连锁反应:尽管非常讨厌一个人,见不到他却会不安,可是一旦见面就忍不住发火。

这类来访者在向我咨询时,往往会哭诉这种困惑:"我到底是爱我的父母还是恨他们呢?"也许旁人会说:"与其这么痛苦,不如干脆分开算了。"但事实并非这么简单,因为我们此时是爱着那个令自己讨厌的人的。

总而言之，对于他们来说，讨厌的人也是喜欢的人，也只有喜欢的人才能成为令自己讨厌的人。争执往往会发生在最亲密的关系中，但我们真的对他们恶语相向后，又会忍不住痛苦自责。

为了改变这种情况，我们需要做的就是承认被自己讨厌的人其实也是对自己很重要的人。

**No. 19**

其实"有意义的人生"并不存在。所谓人生，不过就是不断地重复呼吸。而我们常说的"康复"，就是变得能够从这一过程中获得乐趣。

# 接纳平凡的自己，懂得关心他人

那些认为"除非变得特别优秀，否则人生就没有意义"的人，往往会因为难以接受理想自我与现实自我之间的差距而苦恼。

我们应该活得更轻松一些。

所谓"有意义的人生"其实并不存在。说到底，你我都不过是随处可见的普通人，就算努力地想要成为一个特别的人，也无法改变这一事实，所有人其实都相差不大。

只要是作为一个健全的人来到这个世界上，大家都是用两条腿走路，用口鼻呼吸，脸上长着两只眼睛、一个鼻子、一张嘴。至于所谓的俊男靓女，本质上都是审美的产物，其实人脸之间并没有相差太多。当然，现在有许多人留着比较有个性的发型，但其差别也不过是长短薄厚和颜色罢了。

与其固执地纠结于自己成功与否、好看与否，而不断地精神内耗，还不如接纳、善待"平凡的自己"。

为此，我们有必要让自己切实地感受到即使能力有限，"平凡的自己"也能被他人所接纳。而想要获得这种体验，就需要找到一个爱自己的人。

但是，"爱"是一个非常容易让人误解的词，毕竟这世界上的爱不止一种，既有形而上的，也有欲望型的。因此，或许用"关心"这个词来描述这种情感更为贴切。我们需要找到一个真正关心自己的人。

但获得他人关心的重要前提，是你也愿意关心别人。这倒也不是什么难事，只要尽力关注身边的人就好。

大家一般都会自然而然地留意那些关心自己的人，并对其产生好感和好奇："究竟是什么样的人正在关心我呢？"在这一过程中，对方也会慢慢开始关心你。

要记住，只有同样懂得关心他人的人，才会得到他人的关心。

# 第三章

囚

无法逃离名为
"应该"的诅咒

**No. 20**

父母那如同密集雨点般笼罩着孩子的期待，已成为一种新型的"儿童虐待"。

# 亲子关系中的拖累症

几乎所有的孩子都希望自己能够成为父母的骄傲，哪怕他们并未表现出来。而大人们明明在童年时体会过这种心理，许多人却在成为父母后忘掉了这件事。正因如此，不少父母才会在不知不觉中用自己过于迫切的期待束缚孩子，对他们实施了"无形的暴力"。

当今社会，父母对子女的期待往往大同小异，无外乎"取得好成绩""考上好学校"。这种期待使子女们陷入了残酷的竞争，纷纷成为考试和成绩的"奴隶"。当然，有竞争的地方就会有成败，自然也会出现无论怎么努力都无法满足父母期望的子女。其中一部分子女也许会选择反抗这种期待，和父母发生冲突。笔者甚至见到过因此将夜宵倒在父母脸上的子女。事实上，这部分孩子往往是最容易从病态的期待中逃离的，当他们的父母眼看着子女将夜宵倒在自己脸上，那种前所未有的震惊会促使他们反思，发现自己实施的"无形的暴力"带来的负面影响，亲子关系也许会就此恢复正常。

但令人遗憾的是，大多数孩子都没有选择反抗这种"虐待"性质的期待，还成为父母眼中"听话的好孩子"。这种充满着"无形的暴力"的亲子关系有时却被称为"健康的亲子关系"，着实令人感到痛心。

这些所谓的"健康的亲子关系"中的父母常会通过为家庭奉献自我来满足自己的心理需求，而他们的"舍己为家"的行为却往往会将配偶和孩子逼上某种绝境，一些配偶甚至因此陷入过度疲劳状态。这种"献身"倾向其实正是"拖累症"的表现，很容易与"亲密性"这一概念混淆。

拖累症患者无法明确区分自己和他人的情感，他们很容易被身边的情绪和氛围所影响。对方片刻的沉默或一个不愉快的表情都能使拖累症患者感到不安，不自觉地认为："我是不是惹他不高兴了？还是我本身就有性格缺陷？"

一旦所爱之人不能做到只关注自己一人，或是没有按照自己的期望行事，拖累症患者便会认为对方已经不在乎自己，并产生强烈的控制欲。这在亲子关系中就会表现为对孩子产生过于迫切的期待。而对一心想要得到父母关爱的子女来说，逃离这种"无形的暴力"可谓难上加难。

**No. 21**

在家庭中，孩子是依存者，但也有可能成为牺牲者；在别无选择的情况下，他们往往会成为牺牲者。

# 从“扮演孩子”的痛苦中解放自己

那些在各种灾难中遇难的人之所以被称为牺牲者，是因为他们大多无法预测灾难何时发生，只有“接受灾难”这一个选项。对于孩子来说，与父母的关系就是没有其他选项的，因为他们只有依靠父母才能生存下去。长大成人，就是逐渐脱离这一状态的过程，孩子变得可以不依靠父母也能活下去，并拥有更多的人生选项。但是，如果已经具备脱离这种关系的能力，却选择继续依存父母，便不能被称为牺牲者了。

如果一个人在童年时期的亲子关系中遭受了心灵伤害，并且始终无法走出来，难以开启新的人生，他就会开始扮演孩子。“我受不了了”“除了这种痛苦的人生，应该还有别的活法”“我要自己去寻找人生更多的可能性”，只有意识到了这些，他才会开始变成真正的大人。如果想将童年受到的伤害还给父母，那就尽情地向他们倾诉，把那些痛苦都告诉他们，然后明确自己作为一个成年人真正想要的东西，向着那个目标不断努力，去迎接新的人生。

也许这听起来很像司空见惯的说教，但我的本意并非强求大家立刻"变成大人"或"丢掉过去"。因为成长为一个真正的成年人的道路，本就应该是充满自由和无限可能的。但是，一旦准备迎接这种自由和可能性，就要做好心理准备，为自己的选择负责。为此，我们需要树立健康的自尊心，相信自身的独特性，同时还要拥有求同存异的平和心态。在面对与自己不同的人时，既要能发现问题，也要能与之合作。一定不要给自己设限，在大胆的尝试中发现更多的可能性，贯彻自己的风格，成为一个自由的大人。绝不要画地为牢，强迫自己在痛苦中"扮演孩子"，成为无谓的"牺牲者"。

**No. 22**

破坏一种教条最好的方法，就是给受众植入与之对立的教条。一个人在因无法自立而痛苦时，最能帮他解脱的便是打消他因无所事事而产生的负罪感。

## 臣服于世俗观念的父母们

所谓教条，就是固化于世俗观念中的一些信条。

如果你选择相信一种信条，那它一定是你凭借自己的判断认定的。因为只有这样，你才能在它无法适应现实时破坏它、逃离它，去寻找新的信条。

如果一个人对某一信条（教条）深信不疑，并且认为真理非此莫属时，那么他很可能被信条控制了思想。此时的他很容易置自身于险境，甚至会在固执的想法中度过窒息痛苦的人生。造成这一状态的因素正是内在母亲。

同时，在我们内心植入教条的也是内在母亲。内在母亲并不是现实的母亲，或许用世俗观念来解释这一概念会更好理解。父母常常会不自觉地臣服于世俗观念，尽管有时他们自己都认为这些观念没有必要，但为了不被指指点点、说三道四，还是会忍不住地批评孩子，比如"你这样会被邻居笑话的"。长此以往，在家长的耳濡目染下，孩子们也会逐渐将这种观念作为评判的标准，变得害怕被人议论。

对这些被父母同化的孩子来说，世俗眼光和世俗观念就成为必须遵守的"规则"，比如"不要给别人添麻烦""要过得跟大多数人一样""没工作的人没有资格吃饭"，等等。

即使长大成人，他们也难逃这种审视，父母的声音会代替世俗眼光，不断地回荡在他们心中，"你还差得远，能不能再努力点"。在这种声音的支配下，孩子要么为了变得"和大家一样"而拼命努力，要么忍无可忍之下进行反抗，后者往往还会因此产生强烈的罪恶感。

此时，人们就需要用与世俗相对立的"教条"来与之抗衡。比如，面对因始终无法步入社会而抱有强烈罪恶感的孩子，与其一味地用"不劳动者不得食"来逼迫他，不如帮他减轻心理负担，这也许更能引导其改变现状。

**No. 23**

不要焦躁、不要自责，否则你只是在放大父母给你带来的伤害。真正的自我修正不是一蹴而就的。

# 从"父母主张"中毕业

我们常常会突然意识到有些发生在自己身上或自己做过的事是不对的。在察觉到这种自身认知的变化与矛盾时，不必感到焦躁和自责，只需慢慢改变，逐渐完成自我修正即可。在成长过程中，我们会从父母那里接受许多"原则""主张"，比如"不能给别人添麻烦""要和别人一样"等。当你意识到这些"原则""主张"不正确，并想要改变、修正这种认识时，最关键的就是能够为自己构建与"父母主张"不同的价值观念。

能被称为"原则"的东西往往都是难以被改变的，并且通常都具有很强的排他性，这与不断发展变化的人是对立的。同样，"父母主张"也是这样的存在，这种价值观念的逻辑往往有着不少的矛盾与破绽。比如，父母既要求你"活得和别人一样",又要求你"不能输给别人";一边告诉你不要给别人添麻烦,要学会忍耐,收敛自身的欲求,一边却又要你"争做第一"。这些"既要……又要……"的相悖要求便是最让人纠结痛苦的地方。

实际上,"父母主张"的真正内涵是"不要掉队",但又由于"枪打出头鸟",又不能过于崭露锋芒,在不给别人造成不快的情况下取得的第一才是最合适的。在取得成绩时,以"都是托大家的福"的谦虚姿态示人,归根结底不过是因为这样做更符合世俗意义上的"正确"。

"父母主张"在本质上更像一种对子女的控制欲,其所主张的其实是"你在我面前永远是个孩子""你不需要有所主张,只要乖乖听话就好"。

不过,父母也是凡人,会有属于自己的小心思。他们之所以会这样做,也是因为想获得每一个为人父母者都想拥有的骄傲:成为"别人家的孩子"的家长。对于一直贯彻"父母主张"至今的父母们来说,这是他们为数不多的乐趣。家长们难以靠自己满足这种"想被别人关注"的需求,便不自觉地将期望寄于孩子身上。因此,对苦于"父母主张"的子女来说，理解父母的心情就好，不必强迫自己顺从，毕竟人生是属于自己的，应该按照自己的想法去成长和发展。

**No. 24**

不管别人怎么想，我们只有在认识到自己的珍贵时，才会获得真正的解脱，拥有保护自己的能力。

# 平凡的我与难以满足的父母期望

在日常生活中，父母、亲戚、老师、上司……许多人都会对我们有所期待，希望我们"要那样做"，而"不要这样做"。受这些声音的影响，许多人会强迫自己去迎合这些期待，这往往导致自己过得非常郁闷。

既要成绩好、性格好，还要外貌出众、善于交际。在种种希冀的包围下，一点小错都会让我们非常自责。每当想要做出新的尝试时，我们往往因为过于在意他人的眼光而犹豫不前，即使踏出了第一步，也可能因为没能拿出让大家满意的结果而陷入自我怀疑。一旦进入这种自卑的恶性循环，就会越来越难以相信自己，甚至开始贬低自己，错判自己的能力。

一个人只有跳出他人的评判，并开始相信自身存在的价值，才会真正获得独立掌握自己人生的能力。极端一些说，就是要在即使已经认识到自己并非智力超群、美貌出众，甚至常常失败，没有什么能拿得出手的优势的情况下，也能感受到"我"这一存在本身的价值与意义。只有这样，我们才会珍视自己、保护自己，真正卸下心理负担并快乐地生活。

凡事都不要想得太复杂，不必担心自己会令人失望。事实上，别人并不会像想象中那样在意我们、期待我们，现实中也并没有所谓的无懈可击。那些源于他人期待的压力，实际上是我们自己施加给自己的。

与其被这种无聊的原因束手束脚而闷闷不乐，不如丢掉这些无谓的枷锁，让自己活得更轻松一些。

**No. 25**

"放弃"就是排斥与之融为一体，"接纳"就是将其当成自己的一部分。

# 无法接纳自己

"我无法接纳真实的自己。"

"要学会拥抱自己的缺点,学会自己爱自己。"

以上这样的对话经常发生在我和来访者之间,每当我这样劝说他们时,他们通常表示不能接受:"您的意思是让我满足现状吗""我实在无法放弃挣扎,以现在这种状态苟活"。事实上,我并不认为"接纳缺陷"就代表放弃,因为人在选择接纳一件事时,他的内心状态往往是开朗的,反倒是在选择放弃时,更容易被失落和悲伤所笼罩。

你如果不能确定自己对某件事的态度,不妨细细观察,如果在想起这件事时心情舒畅，就说明已经接纳了这件事，反之则是放弃了这件事。

每当我这般向来访者解释后，他们就会提出这样的问题："那当我发现自己处于'放弃'状态时又该怎么做呢？有意识地让自己'接纳'吗？"

非也。我不认为仅凭在脑海中进行自我劝说、反复告诉自己"接受吧"就能真正地接纳，有时反而会徒增失望与难过。

那些无法接纳自己的人，往往都在用过于严格的标准要求自己，比如他们认定一件事时，就觉得自己"必须做到"，如果没能做到，就说明自己"不行"。如此被世俗标准控制后，便会不自觉地去检测自己是否"达标"。我认为，所有人都应该立刻停止以这样的标准来衡量自己。

无论社会给出怎样的标准，无论周围的人怎么看待你，你都应该按照自己的想法去生活。想想自己真正喜欢的是什么，真正想做的是什么，去寻找你认为有价值的、重要的东西。认真倾听那些一直被封印在内心深处的声音，一个人只有知道自己真正想要什么，才能接纳完整的自我。

**No. 26**

空虚寂寞的家庭主妇将听话的女儿当成自己的倾诉对象，女儿在这一过程中逐渐成为支撑妈妈生活的"小顾问"，母女间从而形成了一种紧密的"共生关系"。

## 解除"共生关系"的方法：让母亲获得幸福

从 20 世纪 80 年代开始，我的来访者中多了不少患有摄食障碍的少女。这一类患者突然激增的原因就隐藏在她们迷失的母亲身上。

这些少女的母亲在学生时代时，一方面被教育要胸怀大志、实现自我的人生价值，另一方面又不得不接受社会强加给她们的家庭义务，在懵懂中承担起贤妻良母的角色。刚结婚时的她们，是知性的年轻妻子、努力的新手妈妈，但随着日子一天天过去，单调的生活让她们的内心日渐空虚，精神压力倍增。她们每天等待不知何时回家的丈夫，因为丈夫频繁调动工作而不断搬家，全身心地照顾老公孩子又无法获得经济上的独立。当她们开始对这种依附于人的生活状态产生怀疑时，一部分女性也许会沉迷酒精，而另一部分则会干脆地舍弃"无私母亲"的形象。

这些女性的精神面貌变化往往会带来家庭关系的紧张，她们将内心的空虚和抑郁归结为丈夫，开始怨恨丈夫，忍不住对他们发火。而丈夫们难以理解妻子的空虚，要么选择无视她们，要么愤而回击。

此时，听话的女儿便很容易成为母亲情绪的泄洪口，母亲会自然而然地产生一种感觉："女儿是我的一部分，她一定明白我的感受"，并希望女儿乐己之乐、忧己之忧，将对丈夫的不满尽情地倾诉给她。如此一来，女儿便被迫成为母亲负面情绪的垃圾桶。

这些少女通常能够很敏感地捕捉到母亲的情感变化，并将母亲的不幸当作自己的不幸，和她一起陷入烦恼。母亲被压抑的野心和愤怒、寂寞和恐惧以及被迫放弃的事业心，都会成倍地被女儿接收，对女儿造成深刻的影响。同时，这种状态会使女儿对父亲产生敌意，进而影响女儿的异性关系（拒绝或不知如何与异性相处）发展。女儿和母亲之间会产生一种极其亲密的"共生关系"。想要女儿突破这些障碍，就必须斩断这种"共生关系"，而达成这一目的最有效的方法，就是让母亲获得幸福。

**No. 27**

对"母亲"和"女性育儿"神圣的刻板印象，使人们在听到"母亲"一词时就会联想到无私的爱和无条件的奉献。

# 无法为自己而活的日本母亲们

从古至今，很多男人在面对女人时，总是会不自觉地衡量，将她们划分为"好女人"或"坏女人"，并认为所有女性都是非此即彼的。好女人不该拥有世俗的欲望，沉迷情欲的女性也无法成为合格的母亲。

在日本，男子有时会称母亲为"おふくろ"，本意是"口袋"。关于这个词的起源，有一种说法是它象征着胎儿时期包裹着我们的母亲的子宫。在日本男性的印象中，传统的母亲形象更像一个不断为子女提供生命力的空壳。

日本电影一类的艺术作品常常以理想的母子关系为讴歌的主题。但是从精神医学的角度出发，过于"理想"的母子关系容易引发一系列问题。

在社会刻板印象的束缚下，日本的母亲们很难做到"为自己而活"。许多男性始终无法摆脱对母亲的"依赖"，即使进入社会也无法在心理上真正成年，在母校或公司的庇护下任性度日，在酒吧里寻求安慰。结婚后，他们甚至会将这种"依赖"转移到妻子的身上，难以承担起一家之主的责任，到死都像个长不大的孩子。而女性一旦回应了他们的这种"依赖"，就等于掉进了"母性本能"的陷阱。更可悲的是，在过度追捧贤妻良母的社会氛围中，她们自身也会变得沉迷于这种被依赖的状态，从而失去真正的自我。

"母亲必须无私奉献"这一无形的社会成规在特定的文化氛围中逐渐深入人心，使许多女性都将"为子女鞠躬尽瘁"误解为女性的本能。

**No. 28**

即使不能做到无视他人的评价，但只要自己问心无愧，便能够接纳自身不足，活出真正的自我。

# 随心而活并不会被大家讨厌

你我都是"真实自我"和"虚假自我"的混合体。

是人就有喜怒哀乐、七情六欲，这是人之常情，不必庸人自扰。大家都在各种情感体验中尽自己最大的努力去过好这一生。

"想变优秀""想变漂亮"……只要有所求，人就会一点点地向目标前进，并在这一过程中体会幸福和快乐。

既然如此，就没有必要压抑自己，大可忠实于欲望，随心而活。

也许有人担心过于率性会招致非议，难以被他人所接纳。其实正相反，如果你愿意用最真实的姿态面对别人，对方大多也会被你的真诚所打动。毕竟，人类作为社会动物，会本能地渴望与他人建立联系。事实上，我们所有的"走不出"和"放不下"都来自这种本能的渴望。世人常苦于求而不得，殊不知顺其自然才是达成目的的最好方法。

我是一个日本人，一个男人，天生这样的身高和体型，偶然于某年降生在我的家庭。这所有的一切都是组成"我"这一独特个体（自我同一性、个性）的要素。

你明白自己的独特性无法改变也不需要改变时，就能够获得真正的内心平静。

不要厌恶向世俗低头的"虚假自我"，接受自己所产生的欲望和负能量。只有这样，"真实自我"才能得到成长，我们也才能按照自己的方式生活。

# 第四章

---

十

## 恐
## 对人际关系边缘化的恐惧

**No. 29**

那些自命不凡的年轻人，其实心底往往隐藏着深深的自卑和焦虑，那是一种因家长的期待而产生的对"赢"的焦虑。

# 害怕当个普通人

我接触过不少立志要成为音乐家或体育选手的年轻人，并从他们口中得知了"パンピー"这一 20 世纪 70 年代的日本流行词，意思是"一般人"，主要指那些像自己的父辈一样穿灰色西装、打领带的普通上班族。

现在，依然有许多这样的年轻人来我这里咨询，在他们自命不凡的外表下，其实隐藏着深深的自卑和焦虑。这是一种因家长的期待而产生的对"优秀"和"成功"的焦虑。

对于他们来说，没有比看到父母失望的表情更让人害怕的了。但是，只有其中很少一部分人能够真正完全满足父母的期待。那些无法在考试中取得优异成绩的孩子，常会因为害怕"沦为平凡"而寻找其他出路，比如走上音乐或者体育的道路。而没有选择这样做的人，可能会因为疲于应对同龄人间的激烈竞争而变成"家里蹲"。更有甚者，会因为心理压力引起的过度减肥行为而患上厌食症或暴食症。在他们看来，与其被贴上"一般人"的标签，还不如生病。

**No. 30**

成瘾的本质是社交恐惧。为了逃避被人审视的恐惧，他们更愿意和食物或者酒精打交道，因为"冰箱不会说话""酒瓶也不会对我有所要求"。

# 建立平等的关系方能远离成瘾

大家都希望自己能够得到别人无条件的接纳与认可，希望有人对自己说"现在的你就很好"。但是，当一个人不停地强迫别人认可自己时，就有可能把对方变成唯命是从的"奴隶"。

我们是不会满足于通过这种方式获得认可的，想要改变这种状态就必须放下执念，在"渴望被认可"和"被人发现价值"中找到一种平衡。

所谓的亲密关系和爱，就是在两个人的相互认可中产生的。正是因为渴望被爱、希望被他人接纳，才会爱上别人、认可别人。要建立这种亲密关系，必须敞开心扉，允许他人进入自己的"领地"，还要在这种打破边界的状态下保持自我。只有当我们能够在这两者间取得微妙的平衡时，真正的亲密关系才会诞生。

大多数人都是在母亲（或者相当于母亲的人）的关心与照顾下成长起来的。在这一过程中，我们对母亲处于一种依存状态，而母亲则承担着约束、限制我们的角色。在这种不平等的关系中，母子互相入侵对方的世界，双方都是被支配的，难以产生亲密关系。

在现实生活中，建立类似母子关系的不平等的亲密关系是非常困难的。在通常情况下，我们既不想成为别人的"奴隶"，又没有"支配"别人的能力；既无法忍耐一个人的寂寞，又害怕对他人敞开心扉。社交恐惧症就是在这种矛盾中产生的。要改善这种状况，我们必须建立平等的关系。

因此，为了逃离与人交往的恐惧，有些人才会更愿意和非人的东西打交道。

**No. 31**

在"功能正常的家庭"中，人能够无所顾忌地表现自己最真实的自我。这种"家庭"不一定都是以血缘关系为纽带的。

# 找到释放真我的"安全地带"

在现代社会，每个人似乎都扮演着特定的角色，比如"能干的公司职员""温柔可亲的母亲"或"人见人爱的好孩子"。

以假面示人并非我们的本意，若要活出真我，则需要为我们机械化的生活注入活力，要和"家人"分享我们的喜怒哀乐。

或许大家认为这件事应该自然而然地发生在血亲之间，但事实并非如此。我所说的"家人"，是指"心灵家人"，你和他们之间的关系更像一种心灵上的"安全地带"。我认为能够被称为安全地带的关系需要满足以下三个条件。一是你们互为对方的归宿。简单来说，就是你们都认为和对方待在一起是理所当然的。当你消失了，对方会第一时间察觉。事实上，这本应该是家庭最原始的特性。二是不会被比较评价。他们不会对你说"今天的你真厉害"或"你应该像昨天那样"，而是完整地接纳你，让你始终处于"不被挑剔、不被嫌弃"的安全感之中。三是身心都不会受到伤害。他们既不会对你施以肉体上的暴力，也不会伤害你的自尊心。当你生病难过时，这些"心灵家人"会主动安慰你，提供帮助，让你免受伤害。

在安全地带，不论是依存关系还是支配关系都很难产生。因此，不会有人束缚我们、逼迫我们，大家都可以按照自己的想法去生活。同时，这种家庭关系还会随着每一位成员的需求而改变，甚至会在所有人都不需要这种关系时自然消亡。

当原生家庭无法提供安全地带时，我们就要自己寻找"心灵家人"。

**No. 32**

我们喜欢上一个人时，会下意识地找各种各样的理由，但那其实都是潜意识的谎言。

# 人会被潜意识支配

人的行动往往受到潜意识的影响，这种在这种情况下受到的触动，通常无法被本人察觉。想要寻找这种影响的源头，只能回溯当事人的一系列行为之间的联系。如果将所有爱上过同一个男性的女性排成一列，你就会发现，尽管她们的容貌、身高、体型各不相同，但却给人一种相似的感觉。那是因为她们身上确实都存在着某种共同的特质，比如类似的声音。

我们经常会说某人和某人长得像，或者谁和谁看起来一样自以为是。这些都是显意识层面上的相似，我们的行为几乎不会受到这种感知的影响。真正会在不知不觉中左右我们的东西都隐藏于潜意识中。

在我的来访者中，有一位曾受到女儿家暴的母亲。她的女儿不仅有药物依赖，还和参与黑社会组织的男人恋爱同居，被男友殴打。这位母亲一直为此烦恼，常常问我："孩子又来要钱了，我到底该怎么办？"直到她和女儿分开生活才意识到一件事：女儿的声音几乎和自己母亲的声音一样。"仔细想想，那就是妈妈的声音，我从小就反感母亲的说话方式、行为举止和粗暴的态度。"

这位母亲一直认为女儿是累赘，是多事的，却始终下意识地忽视这种情绪。事实上，她在不知不觉中对女儿产生了如同对母亲般的依赖，因此始终无法从这段糟糕的亲子关系中抽身。

对于这位母亲来说，让女儿洗心革面曾是她最大的心愿。因为她一旦达成这一目的，就能在潜意识中战胜过去害怕的母亲，并从悲惨的童年回忆中逃离。

所以如果你感觉没来由地在意某个人、离不开某个人，也许并不是真的没有理由，个中原因其实都藏在你的潜意识里。

**No. 33**

越想逃离不堪的过去，越难以逃离。

# 遭受心灵创伤也要活下去

许多人认为只要拼命忘掉那些不好的事情就能摆脱过去。其实正相反，你越想从不堪的回忆中逃离，"过去"就越会像夺食的野狗般咬住你不放。

想要真正地与过去和解，就必须去面对它。疗愈心理创伤，就是为了把自己从过去中解放出来。最有效的方法就是让自己意识到"尽管经受伤害，还是选择了活下去"本身就是一种力量。你有一段痛苦的过去，但那又怎么样呢？

心理创伤到底是什么呢？我们总想在这世间的事情里找到一定的规律，否则就无法安心地生活。但事实上，今天和昨天没有什么不同，明天也不会和今天差得太多，美丽的风景不论何时都是美丽的。在这种有着连续性的日常生活中，我们的生存是具有安全感的。但有时天灾人祸会打破这种状态，使这种安全感产生裂痕。经历过灾害和事故的人通常难以像之前那样对周围产生信任。这种安全感的丧失就被称为心理创伤。

同时，能够造成心理创伤的不止天灾人祸，还有他人的攻击和暴力，其中最典型的就是战争。但是，战争的受害者是一个群体，与之相比，一个人单独遭受伤害留下的心理创伤对个人而言会更严重，比如抢劫和性侵。受害者在这种伤害中会产生一种被当成猎物的感觉，此时他们不仅会感到悲痛，还会丧失对自己的信心和肯定。

事后，由于无法将那些可怕的记忆驱逐出脑海，心中的恐惧令他们无法安眠，他们从此难以过上平静的生活。即使在面对亲密的人时，他们也常常会因为觉得对方无法真正对自己感同身受而难以交心，甚至被周围孤立。由此在心理阴影下度过余生的人并非少数。

**No. 34**

成年小孩（Adult Children），是在童年时代的亲密关系中遭受心理创伤并被夺走力量的人。

# 成年小孩的康复道路

成年小孩是指那些在功能不全的家庭当中成长起来、始终无法找到安全地带的孩子。他们在成长的过程中逐渐养成了一种与世隔绝的生活方式，被原生家庭夺走了和一个正常人一样生活的力量。

想要使这类人恢复正常，就需要帮助他们重新获得这种力量。要重建他们对"自己本身拥有力量"这件事的信心，然后让他们学会用这种力量去建立新的人际关系。

上述过程被称为"充权（赋能）"，或许这听起来像通过鼓励来增强患者的自我效能感。其实并非这么简单，甚至相反。为了获得精神上的改变，必须先让他们放掉所有的力量，在一种平静的状态中面对内心的创伤。

成年小孩在恢复正常的道路上，最需要的不是逼迫他们进步的父母角色，而是相信他们本身就拥有力量的同伴。这种信任能够帮助患者发现、锻炼自己的长处和力量，使他们逐渐变得强大。

请想象一个教孩子走路的母亲形象。当孩子摔倒时，那些相信孩子能自己站起来的母亲会用期待的目光注视孩子，而不是去扶起他。此时，母亲就相信了孩子本身拥有的力量，并会在他们成功使用这种力量后给予他们赞美。这种赞美会成为孩子自我肯定的来源。给予孩子这种"注视"需要花费时间和心力，而没有耐心的母亲则会在孩子摔倒时立刻将他们抱起，甚至训斥他们。这种行为不仅不利于培养孩子自我探索的能力，还会使孩子过度依赖母亲。

总之，想要使成年小孩获得康复，就要让他们意识到自己本身就拥有力量，只是需要相信他的人来激发而已。

**No. 35**

不少成年人都会在不知不觉中对孩子造成精神上或肉体上的虐待。

# 母亲对孩子感到愤怒是正常的

"儿童虐待"从很久以前就被定义为在成年人和儿童之间的一种对立的异常关系。亲生母亲虐待孩子的事件往往能够引起很大的社会反响与关注。不过事实上，会虐待孩子的不只有母亲，父亲、哥哥姐姐、爷爷奶奶、叔叔婶婶等亲属，甚至是素未谋面的陌生人都有可能实施虐待，他们当中的许多人甚至都没有意识到自己的行为属于虐待儿童。

兵库县神户市曾有数名柔道部的初中男生因为反复受到时年37岁的老师的体罚而不敢上学。根据媒体2018年9月13日的消息，该教师在一年中对7名学生反复实施了共计几十次扇耳光、敲击头部等暴力行为，但他在向神户市教育委员会解释自己的行为时却说："我还以为只要不让学生受伤就不算体罚。"

由此可以看出，有些成年人是在无意识的情况下对孩子造成了伤害。但为何唯独母亲虐待孩子的事件尤其被人们所关注呢？那是因为我们普遍认为，女性具有与生俱来的母性本能，默认所有女人都希望拥有子女，并全身心为子女付出。

被母亲嫌弃、感觉母亲对自己抱有愤怒甚至怨恨的情绪，对孩子来说确实是莫大的危机，但这些其实都是人类正常的情感。并且绝大多数的母亲即使对育儿感到厌烦，也明白不能轻易放弃身为母亲的责任。

事实上，母亲在带孩子时难免"爱恨交加"，一边觉得孩子烦人，一边又忍不住心疼孩子。毕竟，在育儿过程中，留给母亲调整情绪的时间实在是太少了。

所以，母亲在和孩子相处的过程中会产生愤怒、怨恨、嫌弃等负面情绪简直是再正常不过的事情，各位母亲没有必要因此自责。

**No. 36**

家庭有时也会充满暴力和虐待。

# 家既可能是最安全的地方，又可能是最危险的地方

号称自由、先进的美国其实在家庭观念上相当保守。他们十分推崇以"强大的父亲"和"慈爱的母亲"为核心的家庭，即能够让孩子在父母守护下成长的"安全家庭"。

值得注意的是，这种对家庭的普遍印象不是自古就有的，而是在人为传播下逐渐深入人心的。正是有人不断宣扬这种家庭模式，才让大家以为这是理所当然的，认为人类生来就具有组成这样家庭的能力。而这种刻板印象的存在，导致现代家庭中的一些问题没有得到应有的重视。

所谓"安全家庭"不过是一种幻想，这种幻想会唤起人们的比较心理：和那些可怜的孩子相比，我是幸运的。在这

种想法的支配下，孩子从小就会下意识地害怕被自己所属的家庭和社会群体排挤。这样的恐惧心理有利于维护家庭和社会的稳定。

以上这种情况并非美国独有。在日本，人们提倡、重视的家庭形式也是以父母为核心、以血缘为纽带的传统家庭。在离婚比例高达三分之一的现代日本社会，单身母亲总会明里暗里地受到社会不公平的对待，并且在单亲家庭中，母子家庭的贫困率也相当高。我认为，造成这种贫困的一系列社会问题与重视传统家庭的保守观念不无关系。

重视家庭并非坏事，但若将这种倡议当成维护传统家庭、排斥非典型家庭的武器，我认为是不可取的。此外，严父慈母型的"安全家庭"其实也存在着危险的一面。毕竟，家庭是一个私密性较高的内部世界，外界通常难以知其全貌。在这样相对封闭的世界里，很容易产生"暴君"，我的来访者中就有不少"暴君"及其受害者。

我们偶尔会看到儿童被虐待致死或受虐者忍无可忍杀死施虐者的新闻，这就是那些隐藏的家庭问题被曝光的瞬间。但在大部分情况下，家庭这一封闭空间内部的暴力现象都是不为人知的，比如男人殴打女人、成年人虐待儿童、挣钱的侮辱没工作的，此时的家庭就成了"法外之地"。

我们不能武断地将家庭定义为"温暖安全的庇护所"，在看到家庭的善意、正向的一面时，也要警惕其中隐含的危险。至少在我看来，所谓的毫无阴暗面的"安全家庭"不过是一种脱离现实的遥远幻想罢了。

**No. 37**

儿童越年幼越容易认为"母亲离不开自己"，这种意识在他们成年进入企业后会转化为"公司离不开自己"，成为过劳死的一个诱因。

# 被职场淘汰的恐惧使他们走向过劳死

当今社会中，有许多从所谓健康家庭中成长起来的男性，他们其实一直活在一种"母子一体"的自恋情结中。

许多日本男性都是以一种"儿童心理"进入社会的，他们所追求的是一种表面化的成年与独立。比如，用各种世俗观念中的成熟要素来包装自己，这些要素包括但不限于魁梧的身材、优异的智力和奢侈品、豪车、高学历……而这一切归根结底都不过是希望得到他人尤其是异性的认可。有人会因为无法获得这些要素而不安恐惧、痛苦迷茫，并因此逃避社会，甚至成为"蛰居族"（家里蹲）。

而拯救这些男性的就是企业（职场）。在成功进入职场后，他们原本对母亲的依赖就转变为对企业的依赖，并且直到退休为止都会陷入一种"企业离不开我"的幻想。日本企业中的很多工作狂和过劳死都是因此产生的。但这类人并非目标明确、自信满满的英雄主义者，反而多数都是对领导者唯命是从，害怕得罪同事，担心工作失误的老实人。他们早出晚归只是为了不辜负家人的期待，追求业绩也不是为了自我突破的快感，而是因为害怕被企业淘汰，最终在日复一日的自我强迫中走向过劳死。

看到丈夫如此努力，他们的妻子也会开始扮演世俗观念中的"好妻子"角色，每天温柔地服侍丈夫，生怕成为别人口中不称职的妻子。然后"努力的丈夫"为了自己"称职的妻子"又会加倍拼命努力，如此陷入"共同依赖症"的恶性循环。

# 第五章

---

✝

## 寂
### 难以忍受的孤独

**No. 38**

当你感到孤独时，说明你已经做好了开始高质量精神生活的准备。当你感到无聊时，说明你的自主意识已经开始萌芽。当你找不到陪你过圣诞节的人时，与其焦虑地给自己找事做，不如专注于增强自己的精神力量。

# 丰富的精神世界源自寂寞与无聊

"想睡觉""想吃东西""想上厕所"……在这些生理需求被满足后，人会产生"精神欲望"。在生存条件得到保障后，我们会觉得无聊，于是开始追求高质量的精神生活。也就是说，真正的精神生活是在闲暇中诞生的。

如果有时间，不妨重拾中学时放弃的钢琴，开始一段新的学习，这不仅会扩展自己的人际关系，我们还能在这一过程中发现全新的自我。比如，一个想要学习英语的人去了语言学校，不仅学会了说英语，还增强了自己的表达能力，甚至可能结交到知心的朋友。

在如今这个随时都能解决生理欲求的时代，我们有机会陷入对高质量的"迷恋"。毕竟在吃不饱饭的过去，想患上暴食症可不是一件容易的事。如今这种疾病的产生，恰恰反映了今天物质生活的丰富。

在现代社会，我们失去了求生的紧迫感，收获了大量的寂寞和无聊。为了消磨无处安放的空虚，人类甚至发明了过山车这种专门生产刺激的东西。人们越想逃避无聊，就越容易掉进追求兴奋的陷阱，觉得"不做点什么就受不了"。与其一味地考虑如何消除无聊和寂寞，不如利用它们来丰富自己。

就算每天行程爆满，交际广泛，可如果身边都不过是泛泛之交，你依旧难逃空虚的折磨，真正意义上的"迷恋"是不会产生于如此粗浅的交往之中的。停止为消遣寂寞而进行的无效社交，给生活留些空白，给"命运的相遇"一些机会。当日程表上空出一块时，你不必感到寂寞，抓住这个机会，去寻找真正让自己迷恋的东西。

## No. 39

无法知晓并满足自身欲望的人，是难以获得充实的人生的。虽然游戏、网络、社交软件等都不能一劳永逸地填补空虚，但却能让我们获得暂时的解脱。

## 沉迷是为了活下去所做的最后挣扎

沉迷于某件事能够帮助我们消遣一时的空虚。在如今这个时代，不少事情都能让我们埋头其中，游戏、上网、社交媒体、炒股……它们不同于药物和酒精，不仅合法还似乎"所有人都在做""社会也认可"。所以我们在沉迷于这些事情时不会产生内疚感。

但是当我们从中抽离出来并回到现实中时，我们会发现自己从中一无所获，并且不管重复几次都一样。而真正有所求时，我们会向着一个目标不断前进，在过程中体验许多新东西，并最终有所收获。

人们的所谓成功和业绩的积累有时始于空虚，而内心空虚的情感表现就是无聊和倦怠。当你感觉自己缺乏朝气时，说明你的生活中没有需要你应对的敌人和待攻克的难题。开启"充实的人生"的方法其实意外地简单，只需要自己给自己找点事做就可以了。

人陷入某种绝境、感到走投无路时，便会放弃挣扎。"要这样做"而"不要那样做"，在如此被他人摆布的过程中，他们会逐渐丧失真实的自我和生活的斗志。

所以，暂时的沉迷有时并非坏事，属于我们的人生新方向也许就隐藏其中。

**No. 40**

不能独处的人，一旦无法支配别人就会感到不安。而能够独处的人，不会强迫别人，也能够忠实于自己的欲望。

# 输给寂寞的人也会输掉人生

英国精神分析学家唐纳德·温尼科特认为，"独处"是一个人必备的生存技能。这种能力的培养，是从我们在母亲的臂弯中开始的。在母爱的怀抱里，婴儿的内心会产生一种安全感，这种安全感能够帮助他们离开母亲的怀抱。从一开始坐在母亲的腿上，到自己在房间里甚至探索整栋房子，再到最后走出家门……我们离开母亲独处的范围会越来越大。这种能力的获得源自对母亲的信任：相信即使离开母亲，她依旧与我们同在，再次回到母亲身边时，依然能够被她接纳。这种安全感会转化为孩子外出探索的勇气，因此，童年时被父母宠爱的孩子在长大后往往能够顺利地独立。

缺失对母亲的信任的孩子会始终处在不安和孤单中而难以

自处。在他们的认知里，独处等于寂寞、绝望、没人爱。由于无法一个人待着，他们总想抓住一些东西来寄托自己无处安放的恐惧，甚至希望通过牺牲自己来换取别人的爱，以此将对方绑在身边，但这样反而难以和他人建立亲密关系。

真正的独处绝不是"在家闭门不出"或"拒绝和人交往"，而是指即使在人群中也能体会与自己相处的快乐。一个婴儿能够在母亲充满安全感的注视下自顾自地玩耍，这就叫享受独处。不具备这种能力的人，会很容易陷入"没有酒就活不下去""不吸烟就活不下去""分手了就活不下去"等状态。真正能够独处的人，既能享受烟、酒、恋爱的乐趣，又不会耽于其中。

## No. 41

以酒精依赖为代表的一系列成瘾行为都产生于"难耐的寂寞"，这种寂寞有时也会表现为空虚、没有干劲、无聊等情绪。

# 寂寞中的顾影自怜会变质为恨意

在人感到"空虚""孤独"难以自持时，酒精等外物能为我们提供一时的解脱。尤其是酒精，它会抑制大脑的活动，让我们停止自我批判，从而获得暂时的自我肯定。在喝醉后，人容易产生一种自我怜悯的感情，认为"我没问题，都是别人的错""我都这么可怜了，大家还欺负我"，如此便会陷入"怨恨—孤独—纵酒"的恶性循环。观察这些酒精依赖者的人生经历，我们会发现，他们大多从心智发育的初期开始，就一直被置于一种欲求不被满足的状态。人在长期的求而不得中会产生愤怒的情绪，而这种愤怒又会转变为恨意。这导致他们在之后的人际交往中也容易怨恨他人，难以建立良好的关系，最终变成孤家寡人。

虽然归根结底我们都是独活于世的，生不带来，死不带去，但之所以能在这不短的几十年里与孤独抗衡，多半是因为我们知道这世界上存在真正接纳、在意自己的人。但是，对一直心怀怨恨的人来说，他们难以和他人真正地交心，所承受的孤独感自然更加强烈。

想改变这种情况，最重要的就是珍惜身边的人，学会接受并回应他人的善意，解决心中那些无处消解的寂寞，这也是为什么"同伴"（自助团体）对戒除酒精依赖相当有效。当一个人将自己放进集体，并在群体中感受到自己的存在时，他的孤独感就会消失。

人之所以追名逐利，不就是希望得到他人的认可、在社会获得自己的一席之地吗？但如果我们发觉自己在与别人争抢同一样东西时一旦失败就会失去立足之地，自然会感到孤立无援。因此，不如干脆舍弃这些执念，去感受自己作为人类这一伟大集体中的一分子时被赋予的深刻生命内涵。

**No. 42**

我们可以享受家庭的温暖，但不能沉迷其中。在人群中体会到的孤独是最真切的，只有铭记这种孤独，才能学会珍惜与他人的关系。因此，我们要在家庭中知晓孤独，明白自己想要与人产生交集的渴望。

# 在温暖家庭中迷失的"演员"们

有人说："烦恼是福"，人的成长就是从烦恼开始的。

比尔是匿名戒酒者协会（Alcoholics Anonymous，AA）的创始人之一，他在从酒精依赖中恢复后不久又患上了抑郁症，从此与病魔缠斗了 20 年，最终拯救他的既不是抗抑郁药，也不是心理疗法。受到一些名人名言的启发，他开始接受自己的孤独感和负面情绪，一点点好了起来。在辛苦忙完 AA 的 20 周年纪念大会的相关工作后，比尔好好地休息了一个晚上，早上推开窗户时，他感觉，天从来没有这么蓝过，空气从没有这样清新过。

人生在世，不可能每一天都雀跃不已，尤其在现代社会，许多东西都能给予我们暂时的快乐，但不代表我们没有资格烦恼。有人以为有了名利就能远离痛苦，还有人为了逃避各种不愉快埋头于游戏等虚拟世界。

恰到好处的忧郁给生活增添了不少浪漫与温情，有时是一次温暖的相遇，有时是一株顽强生长的小草带来的感动。彻底丢掉忧郁，我们反而可能会失去自我，沦为他人的附庸，最终成为被人被利用的工具。

对待家人也是同样的道理，家庭温馨固然好，但若沉迷其中便会失去自我，为了维护所谓的完美家庭而变成扮演"好爸爸""好妈妈"的演员。不要畏惧离家的渴望，正是这种期待相遇的孤独，为我们带来了生命中那些重要的人。

**No. 43**

日本家庭一直崇尚"互相体贴"，但在现代日本社会，这一宗旨似乎有些行不通了。

# 虚幻的风平浪静

说到引起现代家庭问题最重要的两大原因，除了客观上的地域发展不平衡，就是家庭成员间交流的缺失。

那些遭受校园霸凌的孩子，不肯向父母透露实情的原因大都是认为"那样父母就太可怜了"。很多日本家庭都处于这种各自"心怀鬼胎"的状态，"这件事不能让老婆知道""要瞒着老公和孩子""绝不能让父母知道"……一家人还要在这种缺乏交流的氛围中表面相安无事地过日子。

许多沉默寡言的父亲并非真的对子女漠不关心，他们甚至希望通过自己的不干预给予孩子更多的空间。但是，在缺乏交流的家庭中，这一态度很可能会被孩子曲解为"爸爸嫌弃我"。因此，不少孩子都是一边机械化地扮演"好孩子"，一边长期压抑着一股怨气：反正没人在意我变成什么样。长此以往，这种怨气就会转化成一些带有复仇目的的行为。

既不会说"不"，也不会求救，只是一味地把自己封闭起来，拒绝交流，这几乎是当代日本人的一个群像。那些在沉默中积累且无处释放的怨气，最后都会在忍无可忍时发泄在最亲近的人身上，比如父母、子女、朋友……

近年来，社会开始强调孩子的自主性和家庭的个性化，这与上述存在交流缺陷的家庭不无关系。

**No. 44**

在某种程度上，压力越大，人越容易察觉自己的存在。

# 通过问题行为感知自我存在的人

我认为，人出现问题行为，是为了感知自己的存在。那么，
人在什么情况下能感知到自我呢？

我们裹着羽绒被躺在床上、全身心放松时，是不需要感知
自我的。我们走路时，虽然受重力影响，会比较容易感知
自己的存在，但由于早已习惯这一状态，通常也不会在走
路时感知自己。当我们奔跑起来，流动的空气会勾勒出身
体的轮廓，此时我们便能够稍稍察觉自身的存在。

换句话说，人们之所以能在奔跑时感知自我，是因为这一
过程带来了压力。站着比躺着有压力，走路比站着不动有
压力，跑步比走路有压力。在某种程度上，压力越大，人

越容易察觉自己的存在。

"越不让做就越想做"，人之所以会产生这种想法，就是因为有自我探索的欲望。有些人明知盗窃违法，却忍不住想偷东西，明知这么做不对，却一不小心犯错。

如果一个人只有通过触犯禁忌才能确认自己的存在，就说明他已经迷失自我，并且陷入十分严重的自恋情结，甚至不惜以盗窃来彰显自己的存在，这就是偷窃癖形成的原因。

这一原理同样可以用来解释摄食障碍的成因。他们在重复"进食、呕吐"这一套动作时，能够获得和"奔跑时被空气勾勒轮廓"相近的体验，并在这一过程中感知自我。但这种体验只有一瞬间，因此为了维持这种体验，他们会对呕吐行为成瘾。除此之外，暴食呕吐、疯狂购物等行为也属于这一类。

自恋的人更容易产生问题行为，因为他们的注意力都在自己身上，几乎不关心别人。比如，他们会在每次出门前下大功夫收拾自己，尽管他们知道并没有多少人真正在意路人的外表。除了外表，其实在别的方面，人们同样不会获得他人的过分关注，毕竟那种能令所有人都移不开眼的特征，在现实中根本就不存在。

**No. 45**

对有摄食障碍的女性来说，最需要得到矫正的不是异常的进食习惯，而是过低的自我评价，以及导致这种评价的错误世界观。在她们看来，世界更像一个充满胜负的赌场，只有胜利者能够存活。但事实上，一味地追求胜利，只会使人走向崩溃。

# 摄食障碍源于只会用商品价值衡量自己

摄食障碍最早产生于 20 世纪 60 年代的美国，当时超模崔姬的超短裙造型风靡全球，她苗条的身材也成为女性争相模仿的目标。进入 20 世纪 70 年代后，这一疾病逐渐开始出现于英国、法国、德国的年轻女性身上，关于摄食障碍的医学文献也大致在这一时期开始增加。日本病例的大幅增长则大致始于 20 世纪 80 年代。暴食症和厌食症也是从那时起开始被日本人所熟知的。

在全球范围内，有摄食障碍的人都以女性为主。之所以如此在意自己的身材，是因为在她们看来，这关系自己作为女性的尊严。在商品经济繁荣的现代社会，几乎人人都用市场的标准来衡量自己的价值。只要生在现代，就不可避免地会受到这些观念的影响。为了让自己更有竞争力，女

性纷纷为自己的身体"估价"。她们宁愿承受饿肚子的痛苦
和生病的风险，也要变瘦，甚至不惜通过催吐和服用泻药
把肚子里的食物弄出来。这一切都是女性为了生存所做的
努力。因此，摄食障碍不是简单的几句劝解就能改变的。

要让这些女性认识到不论别人怎么看，每个人本身都具有
价值。当她们发自内心地珍爱自己，并发现自己生存的意
义，那些异常的进食状态自然就会停止。

接纳本来的自己，我们将会明白过去一直追求的胜负是多
么没有意义，也能够坦然接受自己失败的事实。正是对胜
利的执念导致我们的失败，使我们堕入空虚。

从接受失败的那一刻起，我们便逃离了竞争的怪圈，获得
了开始新生活的能力，摄食障碍自然就成了不必要的东西。
事实上，这种全新的价值观念，不仅拯救了追求苗条的女
性，也解放了被求胜心折磨到神经衰弱的男性。

**No. 46**

大部分醉酒的男性都认为自己没有"男子气概"，并因此沉迷于酩酊大醉时自己变强的错觉。

# 一边虚张声势一边陷入罪恶感的男人们

想必喝过酒的朋友们都知道"酒壮尿人胆"这一说法。一些男人一喝酒就会开始吹牛，随着醉酒程度的加深，他们的攻击性也开始增强，此时一些不在场的人就会成为他们的攻击对象。比如，没有眼光的上司（其实是自己没有能力让上司发现自己）、明明工作能力很差却靠着高学历摆臭架子的新员工……

这些男人的兴奋值达到最高时，他们便会认为自己很厉害，并企图让旁人都认同这件事。但此时，他们的酒友往往也已经达到了同样的状态，此时两个攻击性极强的醉汉就很可能开始打架。

那些沉迷醉酒的男人们向往所谓的"男子气概"。他们的内在大多是不自信的，认为自己"不行"，持续地焦虑，特别渴望听到别人的认可与赞美。清醒时，他们还能在理智的控制下，用虚伪的谦虚遮掩一下"想让别人觉得自己很厉害"的想法。一旦喝醉，"自我放大""全能感""自我中心"等被压抑的"幼儿性"便会涌现，拼命想向别人证明自己。通常，越认为自己缺乏"男子气概"的男性，越容易沉迷于酩酊大醉时自己变强的错觉。

但每当酒醒后，他们又会陷入难以忍受的空虚和无力，产生强烈的罪恶感，于是再次用醉酒来逃避，如此进入恶性循环。

**No. 47**

我们为自己可以做到某件事而拼命努力时，其实已经处于疯狂的边缘。对戒酒的人来说，真正使他们疯狂的不是酒精，而是深信单凭自己就能戒断的执念。

## 作为渺小的人类，个人能办到的事其实很少

我们所有人都只能在有限的时空里度过一生。

作为一个普通人，我们的力量相当有限，就连自己的许多事情都难以掌控，比如作为一个日本男性出生。但是，如果我将自己看作人类群体的一部分，看作这一物种漫长延续过程中的一环，我便能焕发超越自身力量的人性光辉。

不少酒精依赖者都高估了自己的意志力，自以为是地认为"这是我个人的问题，哪怕不借助别人的力量，只要想戒就能戒"。一些戒酒组织则认为，对这类人群，帮助其戒断的第一步，就是让其认识到自己在面对酒精时的无能为力。之后，逐渐让其相信自己可以借助更大的力量戒掉酒精

（第二步），并心甘情愿地将命运交给这种力量（第三步）。

这里所说的"更大的力量"并不是指"神"一类的存在，而是指包括人在内的所有有机、无机的自然力量。这种力量超越人类的智能，受自然规律的支配。在伟大的自然面前，人类不过是一粒微尘。如此渺小的存在，其力量之微弱可见一斑。从宏观的自然视角俯瞰，我们拼尽全力争取到的一点变化，就好似巨大数轴上的几毫米，甚至小到根本无法被观测。

既然如此，就不要再自以为是地拒绝他人的帮助。盲目相信意志力，只会让人丧失对自身的客观判断，坠入疯狂的深渊。

**No. 48**

一个成熟的人在寂寞时会做什么呢？能够在孤独时立刻想起让自己感到幸福的人，也是精神成年的标志之一。

# 成熟的人在独处时也并非"孤身一人"

我们常说的寂寞其实都可以被归为两类："难以忍受的寂寞"和"成年人的寂寞"。

所谓"难以忍受的寂寞"是一种非常原始的感情，这种体验源自婴儿时期找不到母亲的乳房时产生的愤怒、绝望和空虚。当成年后再次体会到这种感觉时，我们往往难以忍受。而"成年人的寂寞"是一种我们相当熟悉的情感，通常会在一个人待着或正向的人际关系被斩断时产生，时而也会没来由地出现在夏去秋来的季节之交，往往表现为"失去充实感和兴奋感""感觉空虚"等，有时这种寂寞中也会混杂着愤怒与怨恨。这种寂寞在某种程度上体现了精神生活的成长。

成熟的人在产生这样的情感时，往往会第一时间想起自己的亲近之人，萌生与他们见面的想法。如果无法立刻相见，这种寂寞会化为思念，此时人们就会通过写信、电话、短信等方式与对方取得联系。

有人在寂寞时也会选择和已故或者不相识的名人进行对话，比如阅读。总而言之，成熟的人在寂寞时也并非"孤身一人"，他们能够很轻松地和他人进行精神对话。

有时，精神对话也会发生在自己和自己之间。将看到的美丽风景用画笔描绘下来，和自己"分享"感动；在遇到麻烦时思考对策，和自己开"作战会议"。

需要注意的是，这种自我对话与认知行为治疗中所说的自我交谈（self talk）是不同的，自我交谈是指一种独白形式的自我谴责，其结果往往是自我评价低下。

我更愿意把上述"与自己进行的精神对话"称作"1.5 人的对话"。通过"1.5 人的对话"，我们可以更好地接受现实中的自己，提高自我评价。它更像是一种空想、梦境、精神上的玩耍。正是在这一过程中，人类创造出了诗歌、小说、绘画等艺术作品，与其用"寂寞"来形容这种情感，不如说它是灵感的宝库。因此，"成年人的寂寞"其实是精神成年的标志之一。

# 第六章

---

✝

## 叹
## 为什么不幸的总是我

**No. 49**

　　某些家庭好像有家族传统一般，一代接一代地陷入不幸。但事实上这当中大部分"牺牲"都是可以避免的，因为这些不幸大多产生于某种特定模式的性格和人际关系。

# 所谓"不幸的人生宿命"是可以被修改的

父母甚至祖父母的人际关系都会对孩子产生影响。许多家庭都会重复某种特定的"家庭模式"，并且这种模式会对每个家庭成员的性格形成产生影响。比如"暴躁的父亲＋胆怯的母亲""强势的母亲＋懦弱的父亲""关系过于亲密的母子"等。同时，不只是家庭模式，有的家庭甚至会一代接一代地重复某种行为或习惯。比如，家里的女人都嫁给了依赖酒精的男人；家里的男人都容易沉迷于赌博或纵酒；亲人里有许多工作狂或恋爱依赖症患者……

这一切并非所谓的"宿命"，但凡家里有一个人能注意到这种异常的重复性，便能破解不幸的"命中注定"。比如，当一个女孩发现男朋友常常否定自己的决定、强迫自己听他的，就像自己的亲生父亲那样，她就需要冷静思考一下这段关系是否合适了。如果已经结婚，不妨对比一下自己的婚姻关系是否与父辈相似，同时仔细想想自己当初是如何与现在的伴侣走到一起的。

正所谓"当局者迷"，以上都是一些平常容易被我们忽视的甚至习以为常的细节。只有用别人的目光去审视时，我们才会豁然开朗般地明白其中症结。过去不断地吵架和争执，不过是在下意识地确认是否应该和眼前这个人继续走下去。

人之所以感到困扰，就是因为不知如何破局。复盘过去，才是解决眼下问题、找到出路的上策。想要逃离"不幸的宿命"，需要从修正错误的人际关系开始。

**No. 50**

我们常说的生活方式或者人品、性格等，其实指的都是同一样东西——人际关系。

# 当想要改变自己的性格时

不少来访者和我说过"想要改变自己的性格""如果我像某人一样就好了"之类的话。其实这不是什么难事，如果你想成为像某人一样的人，只需要建立和他差不多的人际关系即可。比如，时间观念强的人往往受不了别人迟到，他们和时间观念差的人交往时肯定会时常烦躁，于是身边自然而然就会聚集和自己一样守时的人。

"物以类聚，人以群分"，我们都更容易吸引和自己一样的人。守规矩的人的朋友大多也守规矩。所以，只要你不轻易打破现有的人际关系，就会一直和同一类人交往下去。

如果一个老实的人感觉自己过于死板，想成为"更随性""不为别人的迟到而纠结"的人，只需要和在时间上不那么严格的人交往就行了。那些常常迟到的人通常也不会因为你迟到一小会儿就发脾气，和这样的人做朋友，自然就没必要提前 15 分钟到达约会地点。"近朱者赤，近墨者黑"，你将自己置于这样的人际关系当中时，便会不知不觉地变成一个不太守时的人。如此一来，你认为死板的老实性格便一去不复返了。

因此，我们想成为什么样的人，就要和有同样想法的人交往。

放弃熟悉的人际关系时必然会有些胆怯，但只要能迈出这勇敢的第一步，你一定能改变现有的生活方式，收获理想中的自己。

**No. 51**

当我们能够满足自己内心里孩童一般的欲望时，就代表
我们具备了成年人的能力。

## 真正的成年人能和自己的欲望和谐相处

人类的欲望是不会消失的。

即使长大成人，依旧会有人因为欲望而做出一些不甚符合成年人标准的行为，比如因为饥饿而去偷窃，因为不安就如婴儿一般向别人撒娇。这样不懂得收敛自身欲望的人是难以立足于社会的。

既然无法消灭欲望，就要学会驾驭它。作为一个成熟的人，我们要做的不是扼杀欲望，而是高明地满足它，以防止其朝异常的方向发展。因此，我们需要用"成年人的能力"来平衡自己内心成熟的一面和幼稚的一面。

那么，"成年人的能力"到底是什么呢？在我看来，这主要包括五个方面：审视现实的能力、控制冲动的能力、肯定自我的能力、掌握分寸的能力和共情他人的能力。

真正的成年人是能够经济独立、独自生存的。要做到这一点，就需要拥有审视现实的能力和控制冲动的能力。这两种能力能够使我们知晓自己能力的上限，及时改正自己的错误。

拥有肯定自我的能力，接纳不完美的自己，则是建立安全的人际关系所不可或缺的。能接纳自我的人，也能够接纳他人，并且相信自己能得到他人的关爱。因此，不论是受到了他人的指责，还是发现了自己的缺点，他们都能很坦率地接受现实，并尽力改正不足之处；如果是无力改变的问题，便不会强迫自己。正是因为明白"不完美"并不会让自己失去他人的关爱，自我肯定感高的人往往更容易与人交好，避免陷入危险的人际关系。

所谓掌握分寸的能力，是指能够区分主次，明白轻重缓急，一眼就看出哪些事属于慢工细活，哪些事可以快速处理。这可以说是"成年人的能力"中最高级的一种能力，世上的建功立业者，大多拥有这种能力。换句话说，那些天赋异禀却无所建树之人也大多缺少这种能力。找到当下能做的事，向着一个目标努力，只要掌握分寸，及时止损，即使失败也没关系。

共情他人的能力是指能与人分享情感体验，乐他人之乐，忧他人之忧。这种人类与生俱来的能力无法直接发挥作用，而是在他人共情我们的过程中一点点被激活的。真正的成年人要能做到感同身受。

具备了以上五种"成年人的能力"，我们便能够和自身欲望和谐相处。

**No. 52**

人活于世，不妨以一种"自恋"的心态去善待自己。毕竟想要满足自己的欲望，实在是一种再正常、再健康不过的事了。

# 人会本能地"投桃报李"

无法打心眼儿里喜欢自己的人，难以拥有健康的自尊心，但妄自尊大，认为"除了自己别人都不配被爱"的想法也是不可取的。那些真心喜欢自己的人，明白自己是独一无二的存在的人，会自然而然地推己及人、尊重他人。健康的自恋者不会在自身能力很弱的情况下强行认为自己很优秀，否则就是单纯的自以为是。

人活于世，不妨以自恋的心态去善待自己。只要拥有健康的自尊心，就不会为了一己私欲去牺牲别人。因为对于自恋的人来说，最渴望的就是被他人接纳。如果伤害了他人，便无法满足这种渴望，更别提获得快乐了。所以，他们会自然而然地珍视那些愿意给予自己关爱的人，形成一种"投桃报李"的和谐关系。

促成这种和谐关系的方法并不固定，只能由两个人在相处中慢慢摸索。家庭关系也是同样的道理，没有什么是必须的，否则将陷入非常刻板的相处模式。在这种模式下，亲人之间都无法真正地心灵相通。

世上并非只能存在一种家庭模式。"女主外、男主内"也未尝不可，一些丈夫如果能够在家工作，也可以分担一些育儿的责任。

**No. 53**

我们的人生故事一直都很有趣，无聊的是那些自己编造的悲惨剧本。

# 世上多的是"令人惋惜的梦想"

人在塑造自我形象时，会参考喜欢自己的人所看到的自己。在婴儿时期，形成这种自我形象的素材一般都来自母亲，此时的母子关系是非常特别的，可以说在人的一生之中，这是恋人关系以外最亲密的一种关系了。母亲通常都认为自己的孩子是最可爱的，会非常积极地去解读那些咿呀声和动作的内涵，并通过自己的反应将这一切反馈给孩子。此时，婴儿心中便会自然形成一个值得被关爱和珍视的自我形象，自恋、自爱的程度都比较高，这便是一个人人格形成的基础。

如果顺利完成了以上过程，那么在之后的人生里，我们就能自然而然地从每一次经历中吸收强化"自我形象"的积极因素，忽略伤害"自我形象"的消极因素，保证自己一直处于一个健康的自爱状态，并逐渐地发现自身的独特性与重要性，拥有独一无二的人生故事。

但是，那些没能顺利发展出人生故事的人，可能会借助酒精帮助自己"编造故事"，其主题往往大同小异：自己的能力、才华、独特性……然而，这些靠自我麻醉产生的虚假故事总有一天会破碎，到那时，"编造故事"的人也不得不面对自己的无能和懦弱。事实上，这种破灭恰恰是一种转机。只有从虚假的故事中清醒过来，重新审视自我，并在这一过程中经历新的事、遇见新的人，才能书写属于自己的人生故事，获得真正意义上的成熟。

反之，不停地自怨自艾，用悲惨情绪标榜自己，则永远无法发现自身真正的独特性，不过是自以为是地认为只有自己可怜。毕竟这世上最不缺的就是令人惋惜的夭折的梦想。

## No. 54

将父亲纵酒的错都归于酒精的错觉反而救了全家人。

# 家庭问题有时会暂时防止家庭破碎

某一疾病、症状、问题行为的出现常常会起到防止家庭破碎的作用。比如，当一个父亲纵酒时，家庭氛围通常都比较冷漠，从另一个角度来说这避免了激烈冲突，暂时推迟了家庭的破碎。虽然此时家庭氛围有紧张化的趋势，但如果离开了酒精这一依托，父亲的情绪也许会更加不稳定，给其他家庭成员带来更大的压迫。

在关系紧张、父母不睦的家庭中成长起来的孩子，会沦为安慰父母当中弱势一方（多数是母亲）的"工具人"，比如母亲的倾诉对象、缓和家庭氛围的小丑、用自身优秀来掩饰家庭矛盾的"别人家的孩子"、将父母的注意力由夫妻关系不和转移到自己身上的"淘气包"。

那些通过闯祸来博取父母关注的"淘气包"，如果得不到良性的引导，很可能会发展为"问题少年"，比如让自己生病或走上违法犯罪的道路。在多年从医的过程中，我发现家庭暴力、暴食症、厌食症等问题的产生都有着令人惊讶的巧合。比如，当家里大女儿终于走出了不愿上学的心理障碍后，二女儿却突然患上了暴食症，简直像"接力"一般。

从家庭整体状态去看待这一现象，不难发现女儿们问题行为背后可能隐含的意图：希望获得父母的关注和温暖的家庭。换句话说，女儿们的症状在一定程度上起到了维系家庭关系的作用。

再回到"父亲纵酒"的问题上，只要大家都将罪过推到酒精的头上，真正造成不幸的家庭矛盾就被掩盖了。从推迟家庭破碎的角度来说，这一错觉或许暂时拯救了全家人。

**No. 55**

在效率至上、充满竞争的现代社会当中，每个人的心里都被装上了摄像头，一刻不停地监视自己，并下意识地给自己划分等级：上等、中等、下等，甚至是不被社会接纳的"不良品"。

# 认为自己让父母失望的孩子会被负罪感所吞噬

在效率至上的竞争型环境中，为上位不择手段者比比皆是。相较于人与人之间的亲密关系，大家往往更看重自身的市场价值，甚至将此作为择偶标准，许多夫妻因此感情基础薄弱，有名无实。在这样松散的婚姻关系中，孩子就成了联系两人的唯一纽带。他们将自己的梦想寄托在子女身上，靠着教育孩子才勉强产生共同话题。

夫妻间长久的交流缺失也会给子女带来影响，并形成一种"虚情假意"的家庭关系。比如，丈夫会认为向妻子隐瞒自己的出轨是一种对妻子的"温柔"，妻子觉得向丈夫隐瞒自己的巨额信用卡欠款是为丈夫"着想"，而孩子在学校遭遇了霸凌却不敢向父母吐露实情，只因不想破坏这种"平静"的家庭氛围。在这种环境中成长的孩子通常会感到"窒息"。

而对在精神上过度依赖子女的父母来说，一旦孩子无法满足自己的期待，便会产生异常强烈的失望情绪。作为在竞争型社会里长大的一批人，这些父母心里都被装上了摄像头，一刻不停地监视、评价自己。所谓教育子女，也不过是帮助自己走上成功人生道路的手段罢了。即使他们不将这种期待说出口，日常生活中的眼神、动作也都无时无刻不在告诉孩子：我儿子（女儿）绝不能是"不良品"。

孩子都会本能地渴望得到父母的认可："你本来就很好"，所以当感觉到父母的失望时，他们自己也很失望。那些以为自己让父母失望的孩子会感到很对不起父母，从而被负罪感吞噬，在极端情况下甚至会产生自我惩罚的想法或对父母进行攻击。

"又不是我求你们把我生下来的""为什么要生我""是你们没把我教好"，人们常常能从一些"啃老族"和"蛰居族"的口中听到这些话。

# 第七章

---

✝

## 怒
## 无法原谅伤害过
## 自己的人（父母）

**No. 56**

愤怒是一个人开始学会表达自我的象征，是欲求不满时的正常反应，它所展现的是一个人最真实的欲望。

# 无法发怒的三种情况

我们通常所说的"问题行为"，比如少年失足、拒绝上学以及摄食障碍等依赖症，其实是当事人表达自我的一种方式。当事人因为无法在日常生活中顺利表达自己的愤怒和欲求，才不得已用极端方式来向外界传递自我的主张。从这个角度来解读他们的行为，是不是一切都说得通了呢？

在充满紧张感的家庭中成长起来的孩子，往往会丧失表达愤怒和欲求的能力。夫妻不和、家庭暴力、欠债、婆媳关系不和……在有此类问题的家庭中，孩子难以理所当然地期待父母的爱，反而会迎合父母的喜好，以此换取关注。这种长期缺爱的状态会使他们的内心充满绝望和愤怒。这种愤怒最终会以"自我主张"的方式表现出来。

有些人明明在婴儿时期都懂得用哭来表达自己的意图，却在成长过程中不知不觉地失去了这种能力。这是因为随着心智的成长，个体差异逐渐明显，人会越来越在意自己与他人的关系。

在以下三种情况中，人会压抑自己的怒气。第一种：害怕自己的愤怒会伤害、毁灭对方。这种情况一般在两岁左右开始出现，不敢发怒的孩子往往会因此变得极其守规矩、听话。第二种：担心因为发怒而被对方讨厌和抛弃。此类情况也开始出现于年幼时期，但通常会晚于第一种情况。第三种：虽然生气，但由于对方过于强大，暂时无法发作。在这种情况下压抑怒火主要是为了自保，可以说是一种生活技巧，一般开始出现于成年以后。

人在婴儿时期尚不能客观认识到自身的弱小，会误以为全世界都被自己掌控，这也就是我们所常说的"全能感"。婴儿在欲求得不到满足时，出于"全能感"会企图通过发怒来毁灭父母。但无论自己如何发怒，父母依旧好好地存在于自己面前，甚至还会满足自己的要求。在多次重复以上情况后，婴儿会产生一些认知："我这么任性，父母还愿意满足我的要求，我也要做些什么来回报他们。"此时婴儿便产生了"歉疚"这种高级情感。歉疚也被称作抑郁情绪，会让人觉得"自己很糟糕"，感到消沉、失落。如此一来，抑郁情绪会吸收一部分婴儿时期"因欲求没被满足而产生的愤怒"，并且随着语言能力和认知机能的成长，那些欲求会逐渐以更能被他人所接受的方式被表达出来。这就是从"自我表现"到"自我主张"的蜕变过程。

如果没能顺利完成这一过程，愤怒和欲求就会被积压在心中，最终在迫不得已的情况下以各种问题行为的形式出现在我们面前。

**No. 57**

那些不敢发怒、害怕表达自我的"乖孩子"，深信展现真实的自己会被讨厌，在面对他人时往往只会怯懦地假笑。

# 被压抑的愤怒会转化为毁灭对方的恨意

在面对更强烈的怒火时，人会选择压抑自己的愤怒，并因此产生抑郁情绪。强势的父母通常会教育出温顺的孩子，但事实上这样的教育方式可能会使孩子的内心充满愤怒。

对父母的恐惧会阻碍孩子的精神发育，导致他们的愤怒始终无法转化为正常的自我主张。这些孩子一旦长大变强，也会选择以暴力手段服众。不少有暴力倾向的成年人其实在小时候也曾遭受暴力。

愤怒，是人在欲求不满时正常的心理反应。因此，害怕表达愤怒在本质上就是恐惧自己的欲望。这种恐惧会导致情感上的麻木。人在麻木后，失去的不仅是愤怒，还有让自己感觉有所追求的"活着的喜悦"。对于这些已经麻木的孩子来说，他们那少得可怜的一点怒火无处释放，只能在心中积压，最终一点点变质为恨意。愤怒是生理性、暂时性的感情，而恨意则是病理性、持续性的，它会支配一个人的生活。我们愤怒时，是在寻求对方的爱，而恨一个人时，则是在希望对方变得不幸。当恨意非常容易被唤起时，我们会感觉周围的人都充满了恶意，这会一点点切断我们的人际关系，导致孤立。

不幸的是，很多时候我们都希望自己最恨的人能够爱自己，此时的孤立化会非常令人绝望。在年轻时就被恨意控制是一件非常可怕的事，这会导致当事人对所有人都抱有敌意，此后的每一段人际关系都难以善终，内心充满仇恨。

但这些人并非每天都带着一副苦大仇深的表情。事实上，为了掩饰自己难以信任别人的真实想法，并让周围人喜欢自己，他们甚至看上去会很友好，如同戴着一副"微笑面具"。

## No. 58

"愤怒"作为一种控制他人的手段，会在一岁后开始失效，取而代之的是"抑郁"和"消沉"。

# 我们往往无法置求死之人于不顾

人从婴儿时期开始，就懂得用哭来向外界传递欲求不满的信息（信号）。

所谓信息，其发出目的必定是得到收信人的某种反应（行为）。因此其中或多或少包含着发信人想要控制收信人的企图。比如，一个伤心的人在向别人倾诉时，其实是希望获得对方的帮助，这就可以被理解为一种"控制"。

我们在婴儿时期可以通过哭这一信号来控制他人，但这并非一直有效，幼儿早晚有一天会明白自我能力的有限性。当无论怎样暴怒都无法使自己的要求得到满足时，他们会认清自己的弱小，并在绝望中回归自身最真实的无力状态，并陷入抑郁情绪。但事实上，这样的无力状态反而会引起大人们的关心，他们的要求最终也会得到满足。

虽然依靠愤怒和暴力来控制对方的手段只在婴幼儿时期有效，但抑郁、悲观等消极状态在我们成长之后依然能够发挥作用。许多人会因此一生都沉迷于这种状态。他们一旦通过某种固定方式（心理问题）使别人满足了自己的要求，就会成瘾，并且难以从该状态中走出。

因此，咨询师在进行咨询前，一定要弄清楚来访者的心理问题针对的对象是谁。如果心理问题长时间无法消失，就说明一定存在回应他们的不良状态的"支持者"。心理问题的"施令者"（来访者）则会在不知不觉中支配、控制"支持者"。这两者之间隐秘而别扭的信息交换通常很难用"我想这样做"或"我希望你这样做"等直白的方式表达出来，因为这种控制和依赖在多数时候都不是单向的，对不少"支持者"来说，"施令者"的存在也是必不可少的。

**No. 59**

有时，我们也应该清理一下人生库存，下决心丢掉一些"腐烂的苹果"。

# 仇恨就像"腐烂的苹果"

匿名戒酒者协会曾提出了戒酒的 12 个步骤，其中的第四步就是"对迄今为止的人生进行一次复盘"[①]。匿名戒酒者协会的宝典《匿名酗酒者》（*Alcoholics Anonymous*），也被称为"大书"，对此解释道："如果商店没有定期盘货，没有将过期商品、腐烂的苹果丢掉，终有一天会破产。我们也应该不时地清理一下人生库存，丢掉那些'腐烂的苹果'，即仇恨。恨意的根源可能是某个人、某样东西或者一些伤心事（财产、性、野心等），我们要做的就是找到它们、列一个清单，并将这个清单展示给另一个人，和他聊聊。"

这一过程可以帮助我们以一个更加长远的时间维度来看待

---

① 也有文章将第四步翻译为"对自我进行内在探索和无畏的道德审查"，此处保留了作者原意。——编者注

自己的人际关系。我们从广阔的宇宙视角去俯瞰过去的生活时，也许会对曾经的"宿命"和"厄运"产生全新的看法。比如，用这样的视角去看待过去憎恨的父母时，也许就会理解他们的苦衷，明白父母也曾努力地想要给予自己关爱，认识到过去的人生并非真的"漆黑一片"。这就是重建内心体验的过程。

如果在以上过程中，当事人能够发现过去的一丝光明，对曾经出现在生命中的人产生一点感谢，就应该回想一下自己曾经伤害过的人。此时，他们往往会惊讶地发现自己伤害过的人和自己憎恨过的人几乎是同一批人。而下一步应该做的，就是在力所能及的范围内做出弥补。

以上一系列的复盘行为将帮助我们修正过去人际交往中的一些怪癖（习惯），这些怪癖其实反映的正是一个人的"人格"，而我们真正实现的是"人格的修正"。

**No. 60**

平常很容易紧张、不擅长与人交往、不自觉地在别人面前摆架子……总而言之，无法和他人建立正常的人际关系是酒精依赖者常有的表现。

# "人品"或"人格"就是人际交往中的一些习惯

酒精依赖者的一大特征就是无法建立正常的人际关系，他们通常无法以真实的自我示人。这在一定程度上与社交恐惧者很像，以上状态一旦日常化将非常危险。

酒精依赖者的另一大特征则是易怒。与单纯的性情急躁不同，酒精依赖者往往性格乖张，容易对他人产生仇恨。比如，有的患者会因为有新患者住院需要调换床位而大发雷霆，认为自己受到了排挤，甚至可能因此放弃治疗。

此外，酒精依赖者容易崇拜权威。这其实是虚张声势，用自以为是来隐藏信念缺失，通过迎合主流来自保。比如上述的"换床事件"，如果这一要求由护士提出，患者可能会盛气凌人地拒绝服从；但如果是医生提出的要求，该患者大概率会乖乖接受。

尽管我个人不讨厌以上人格特质，但不可否认的是，这些特质确实会给人们的社会生活带来阻碍，有必要得到矫正。

所谓的"人品"或"人格"其实就是人际交往中的一些习惯。而这些习惯一旦形成，就像唱片上的音纹一般，会引导唱针按照固定的轨迹运行。每听一遍，音纹就加深一些，不管放多少遍，都会传出同样的旋律。只要形成了一定的习惯，就可以大大降低在人际交往上费心思的概率。虽然因此产生了多次相似的人生体验，但可以有效防止心累后无法心动。总而言之，以上被称为性格或人格的习惯是我们在人际交往中必需的。

这些习惯大多形成于婴儿时期，此时和监护人的交流会成为婴儿在此后体验世界时的"参考书"。在之后的每一段人生经历中，他都会用到"参考书"中的方法。因此，这本"参考书"的内容正确与否至关重要。酒精依赖者就是因为参考了错误的指导方法，才始终不能与世界和解，无法和人正常地交往。

**No. 61**

男人期待女人塑造治愈自己的母亲形象时，就会开始恨她。

# 无法从男性（丈夫或儿子）暴力中逃离的女人

部分男性一旦进入暴怒状态就无法抽离，具有很高的危险性。他们往往很要面子，容易受伤，并且心中充满仇恨，长期处于发怒的边缘。而最容易令他们受伤的通常也是他们最爱的人。一旦对方不能给予自己所期待的安慰，他们就会开始仇恨对方，比如觉得母亲不理解自己而施以暴力的儿子，以及认为妻子无法给予自己母亲一般的关怀而产生仇恨心理的丈夫。

除了因为对方不顺从自己，他们还会因为妻子的社会经济地位高于自己而受伤。虽然这些自尊心上的伤害会以暴力的形式表现出来，但不代表他们时时刻刻都处于暴力状态。相反，在暴力积累的过程中，这些男性会表现得格外安静。此时，有经验的妻子会立刻察觉丈夫的不快（紧张感的增加），并给予安慰。但这不过是延迟了爆发的时机，只能换来片刻的宁静。如此的暴力状态会一直持续到施暴者将身心的紧张感完全释放，其结果往往非常惨烈。

美国心理学家马丁·塞利格曼认为，个体一旦形成无论怎样努力也无法改变事情结果的认知，就会失去希望、放弃努力。这就是著名的"习得性无助"理论。塞利格曼曾用狗做了一项经典实验，把狗关在笼子里，施以电击，多次实验后把笼门打开，此时的狗却放弃了逃跑。人在相同情况下也会产生同样的反应。那些和暴力男一起生活的女性，会在重复的暴力中变得胆怯，她们本可以主动逃跑，却绝望地等待痛苦的来临。

近年来，家暴事件屡屡引起社会热议，如果公众无法认识其中的成瘾性心理，此类事件将一直被当成偶发性悲剧而草草处理。

**No. 62**

在功能不全的家庭中成长起来的人，一旦成为父母，就会入侵子女的人生，迫使他们过上和自己一样的生活。这些子女也许会憎恨、诅咒父母，看似通过反抗走上了和上一辈不同的道路，但事实上那也不过是与父母人生轨迹大同小异的镜像罢了。

# 不要为了父母而活

无法发挥正常功能，尤其是无法给予孩子必要的保护的家庭被称作"功能不全家庭"。在这样的家庭中，很可能存在以下的成员：纵酒并且有暴力倾向的人、工作狂父亲、重病或过于在意他人眼光而无法给予子女温暖与爱的母亲。在这些家庭里成长起来的孩子被称为成年小孩。

事实上，日本的著名漫画《巨人之星》的主人公星飞雄马也是典型的成年小孩。星飞雄马的父亲星一彻对自身荣光的逝去始终无法释怀，时常纵酒。星飞雄马继承了父亲的志向，为了不辜负父亲的期待拼命成为明星棒球投手——巨人之星。但是，星飞雄马究竟是因为自己的兴趣才将此作为梦想，还是因为想要满足父亲才投身这场胜负游戏的，我们不得而知。

至少故事所呈现的是一位"不幸的父亲"支配了星飞雄马的人生。虽然漫画并未描述父亲星一彻的成长环境，但从星一彻的状态我们可以推断出其父母大概率也未能给星一彻提供非常温暖的成长环境。综上所述，是星一彻的父母决定了星飞雄马的人生。

什么样的父母教出什么样的孩子，如果不想重蹈家长的覆辙，子女就必须认识到自身的成年小孩属性，而修正这一属性则需要非常大的努力。

想必星飞雄马并没有为这件事付出过努力，毕竟他一心想成为的巨人之星，根本就是父亲的梦想。

**No. 63**

许多问题行为或疾病，其实是当事人为了保持真我所进行的挣扎。

# "假我"与"真我"

所谓"真我"，就是敢于面对活生生现实的自我，对自己的所思所为有着较强的自我肯定感。这种自我肯定感会使人处于一种非常健康的自恋状态，相信别人愿意接纳真实的自己。这样的人往往能经受住逆境考验，并能将所经历的磨难转化为经验与美好回忆；即使面对他人的恶意，也不会被现实摧倒，而始终保持自我。

与"真我"相对的是"假我"，这一概念被唐纳德·温尼科特频繁使用。他认为，"假我"是一种容易对他人产生恨意和怨气的人格，通常易怒且具有难以控制的成瘾行为（偷盗等）。但是我不同意这种说法，我认为上述"扭曲的性格"应该是"真我"与"假我"之间紧张关系的产物。当"假我"占据上风时，人们会对自己的所思所为丧失自信，感觉自己的一切都是谎言，与人交往时通常也给他人一种谄媚的感觉，无法享受现实的快乐。他们会将所有不好的经历都归结为他人的恶意，容易产生仇恨。长此以往，他们的脑海里只剩下悲惨的回忆。这样的人无论成长于多么富足的家庭，在与人交往时都会呈现出一种"阿谀逢迎"的状态，而虚伪的人际关系最容易滋生仇恨，如此陷入恶性循环。

话虽如此，但世界上既没有人是完全的"假我"，也不存在百分之百的"真我"。真实的人格永远都是两者的混合体。对于大多数健康的普通人来说，通常"真我"占据上风，而"假我"则是用来保护"真我"的社交面具。

当弱势的"真我"企图取代强势的"假我"时，人会产生严厉的自我批判，表现出一些病理性行为。因此，许多精神疾病的症状其实是"真我"的自救信号。

**No. 64**

尝试去倾听自己内在小孩的欲望和内在父母的声音，一切认可自己、原谅自己、爱自己的主动权都掌握在我们手中，每个人都拥有"为自己而活"的能力。

# 为了今后更加快乐充实人生

回顾过去"为他人而活"的人生，发泄出积郁的怒气，当一个人学会遵循内在小孩的欲望、随心而活时，他定能看到不一样的人生图景。

每个人都有自己的活法，不要为了他人的眼光和父母的催促而结婚，那是对自己的不负责任。

或许以所谓的"成年人的思考方式"来看，随心而活是不成熟的。但那又如何呢？很多做法都只是众多人生选项之一，并非成为成年人的必要条件。真正的成熟，是有独立的判断并能为自己的选择负责，即"为自己而活"。

不是为了谁、不是因为谁，我们生活的唯一目的就是让自己快乐。你珍惜自我时，就会重视自己的感情和需求，知晓自己的极限，明白对自己来说重要的是什么，从而获得真正的自由。

人尊重自己的欲望时，也更容易为他人着想。因为人的终极欲望就是寻求和他人的联系与和谐，越是自爱的人，越明白如何去爱别人，自然不会为寂寞所苦。

人生没有固定的轨道和模式。只有自己认为好的活法才是真正属于自己的。在这场漫长的旅途中，别人既无权置喙，也无法为我们负责。当你学会忠实于自己的内心时，你就已经摆脱了"父母"的指挥，获得了"为自己而活"的能力。